华为网络运维与安全攻防系列教材

企业网络规划与实施

主　编　韩少云

西安电子科技大学出版社

内 容 简 介

本书以信息技术（IT）企业的实际用人要求为导向，总结近几年国家应用型本科及高职院校相关专业教学改革经验及达内集团在 IT 培训行业十多年的经验，由达内集团诸多具有丰富的开发经验及授课经验的一线讲师编写而成。

本书通过通俗易懂的原理及深入浅出的案例，介绍了网络通信模型、交换技术、IP 协议、TCP 协议、虚拟局域网、静态路由、三层交换、生成树协议、DHCP 与子网划分、VRRP 与浮动路由、访问控制列表、网络地址转换、OSPF 动态路由协议、OSPF 路由协议高级、IPv6 与 WLAN 网络配置等内容。

本书可作为应用型本科院校和高等职业院校计算机应用技术专业的专业课教材，也可作为网络系统运维人员的学习和参考用书。

图书在版编目(CIP)数据

企业网络规划与实施 / 韩少云主编. —西安：西安电子科技大学出版社，2021.12
ISBN 978-7-5606-6199-5

Ⅰ. ①企… Ⅱ. ①韩… Ⅲ. ①企业—计算机网络—教材 Ⅳ. ①TP393.18

中国版本图书馆 CIP 数据核字(2021)第 211398 号

策划编辑　陈　婷
责任编辑　郝　荣　陈　婷
出版发行　西安电子科技大学出版社(西安市太白南路 2 号)
电　　话　(029)88202421　88201467　　　　　邮　　编　710071
网　　址　www.xduph.com　　　　　　　电子邮箱　xdupfxb001@163.com
经　　销　新华书店
印刷单位　咸阳华盛印务有限责任公司
版　　次　2021 年 12 月第 1 版　　2021 年 12 月第 1 次印刷
开　　本　787 毫米×1092 毫米　1/16　印 张　17
字　　数　399 千字
印　　数　1～3000 册
定　　价　35.00 元
ISBN 978－7－5606－6199－5 / TP
XDUP 6501001-1
如有印装问题可调换

《企业网络规划与实施》

编委会

主　任：韩少云

副主任(以姓氏拼音为序)：

委　员(以姓氏拼音为序)：

前　　言

自 20 世纪计算机问世以来的几十年里，相继出现了计算机安全、网络安全、信息安全、网络空间安全等安全问题。近几年，网络安全事件接连爆发，如美国大选信息泄露，WannaCry 勒索病毒一天内横扫 150 多个国家，Intel 处理器出现漏洞，等等。

2019 年 6 月 30 日，《国家网络安全产业发展规划》正式发布，至此网络安全正式上升到了国家战略地位。同年 9 月 27 日，工信部发布《关于促进网络安全产业发展的指导意见(征求意见稿)》，明确提出到 2025 年培育形成一批年营收超过 20 亿元的网络安全企业，网络安全产业规模超过 2000 亿元的发展目标，从而确立了网络安全产业的发展规划。

随着我国网络安全产业规模的高速增长，满足产业发展的人才需求将呈现出空前增长的态势。据工信部预测，未来 3 至 5 年将是我国网络安全人才需求相对集中的时期，每年将出现数十万产业人才的缺口。面对巨大的产业人才发展需求，需要大力提高我国网络安全产业人才的培养速度。

基于网络安全这样的大环境，达内集团的教研团队策划的"华为网络运维与安全攻防系列教材"应运而生，以帮助读者快速成长为符合企业需求的网络运维与安全工程师。

本书是该系列教材之一，全书分为 15 章，具体安排如下：

• 第 1～2 章介绍网络通信模型、数制转换、IP 地址、以太网与交换机等基础知识，旨在使读者理解网络参考模型 OSI 和 TCP/IP，掌握交换机原理及其配置。

• 第 3～4 章通过软件抓包分析介绍 IP、ICMP、ARP、TCP、UDP 协议，旨在使读者通过具体案例的学习来理解 TCP/IP 相关协议。

• 第 5～14 章介绍如何构建企业网络，使用冗余备份技术来增强企业网络的可靠性，包括 VLAN、三层交换、DHCP、VRRP、ACL、NAT、PAT、OSPF 等内容。

• 第 15 章介绍 IPv6 协议与 WLAN 网络配置，旨在使读者掌握 IPv6 地址配置、OSPFv3

配置，了解无线局域网的发展，掌握 WLAN 组网配置。

本书配有微课视频等数字化教学资源，读者可以关注微信公众号查看。

由于时间仓促，书中难免存在不妥之处，恳请读者批评指正。

编　者

2021 年 8 月

达内 AI 研究院产品资源公众号　　达内 AI 研究院教材资源公众号

目 录

第 1 章

网络通信模型

本章目标

- 理解 OSI 和 TCP/IP 分层模型；
- 理解数据封装与解封装、数据传输过程；
- 掌握数制转换方法；
- 掌握 IP 地址及其分类与子网掩码及其作用。

问题导向

- 为什么要使用分层模型？
- 对于 TCP/IP 五层结构，数据如何封装？
- 子网掩码有什么作用？

1.1　网络参考模型

1.1.1　OSI 参考模型

网络传输的过程非常复杂，为了将这个复杂问题分成若干相对简单的问题逐一解决，计算机厂商建立了分层模型，由每一层实现一定的功能，相邻层之间通过接口来通信，下层为上层提供服务。一旦网络发生故障，就很容易确定是由哪一层出现问题而导致的。

由于各个计算机厂商都采用私有的网络模型，因此不利于网络通信的普及。国际标准化组织(International Organization for Standardization，ISO)于 1981 年提出了开放式系统互连(Open System Interconnection，OSI)参考模型。OSI 参考模型是一个开放式体系结构，它规定将网络分为七层，从下往上依次是物理层、数据链路层、网络层、传输层、会话层、表示层和应用层，如图 1.1 所示。

应用层

表示层

会话层

传输层

网络层

数据链路层

物理层

图 1.1　OSI 七层模型

OSI 各层的功能如表 1-1 所示。

表 1-1　OSI 七层模型各层的功能

层	功　能
应用层	网络服务与最终用户间的一个接口
表示层	用于数据的表示、安全管理、压缩、加密等
会话层	建立、管理、终止会话
传输层	定义传输数据的协议端口号，进行流量控制和差错校验
网络层	进行逻辑地址寻址，以实现到达不同网络的路径选择
数据链路层	进行逻辑连接、硬件地址寻址、差错校验等
物理层	建立、维护及断开物理连接

1. 物理层

物理层的主要功能是完成相邻节点之间原始比特流的传输。

物理层协议关心的是：使用什么样的物理信号来表示数据 1 和 0；数据传输是否可同时在两个方向上进行；连接如何建立以及完成通信后连接如何终止；物理接口(插头和插座)有多少针以及各针的用处；等等。

2. 数据链路层

数据链路层负责将上层数据封装成固定格式的帧，在数据帧内封装发送和接收端的数据链路层地址(例如在以太网中为 MAC 地址)。为了防止在数据传输过程中产生误码，要在帧尾部加上校验信息。如果发现数据错误，则可以重传数据帧。

3. 网络层

网络层的主要功能是实现数据从源端到目的端的传输。在网络层，使用逻辑地址来标识一个点，将上层数据封装成数据包，在数据包的头部封装源和目的端的逻辑地址。网络层根据数据包头部的逻辑地址选择最佳的路径，将数据送达目的端。

4. 传输层

传输层的主要功能是实现网络中不同主机上用户进程之间的数据通信。

网络层和数据链路层负责将数据送达目的端的主机，传输层用于确定这个数据需要什么用户进程去处理。

5. 会话层

会话层的功能是在不同机器上的用户之间建立会话关系。

会话层提供的服务之一是管理对话控制。会话层允许信息同时双向传输，或任意一个时刻只能单向传输。

6. 表示层

表示层用于完成某些特定功能，如数据编码、数据压缩和解压、数据加密和解密等。

7. 应用层

应用层包含人们普遍需要的协议，提供应用程序间的通信。

1.1.2 TCP/IP 协议族

TCP/IP 是传输控制协议/网络互联协议(Transmission Control Protocol/Internet Protocol)的简称。TCP/IP 是一系列协议的集合,所以严格的称呼应该是 TCP/IP 协议族。

早期的 TCP/IP 模型是一个四层结构,从下往上依次是网络接口层、网络层、传输层和应用层。在后来的使用过程中,人们借鉴 OSI 参考模型,将网络接口层划分为物理层和数据链路层,形成一个新的五层结构,如图 1.2 所示。

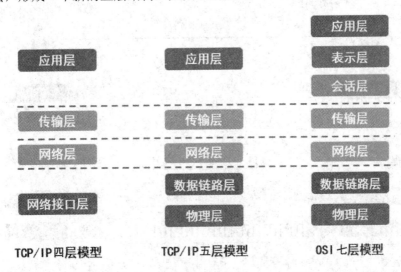

图 1.2 OSI 参考模型与 TCP/IP 协议族

TCP/IP 五层模型应用得更广泛,该模型的一些常见协议如图 1.3 所示。

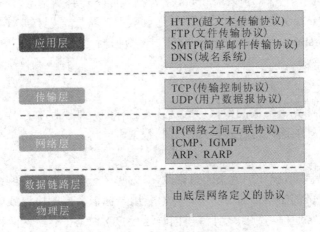

图 1.3 TCP/IP 五层模型的常见协议

需要注意的是,在物理层和数据链路层,TCP/IP 并没有定义任何特定的协议,网络可以是局域网、城域网或广域网。

网络层 IP 协议又由四个支撑协议组成:ARP(地址解析协议)、RARP(逆地址解析协议)、ICMP(互联网控制报文协议)和 IGMP(互联网组管理协议)。

1.2　数据封装与传输

1.2.1　数据封装与解封装

为了能够明确地说明数据封装与解封装过程，我们以两台主机的通信为例进行讲解，如图 1.4 所示。

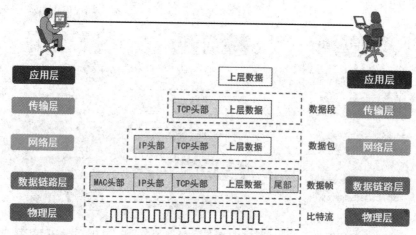

图 1.4　数据封装与解封装

协议数据单元(Protocol Data Unit，PDU)是指同层之间传递的数据单位。对于 OSI 参考模型而言，每一层都是通过 PDU 来进行通信的。而对于 TCP/IP 五层结构，上层数据被封装 TCP 头部后，这个单元称为段(Segment)；数据段向下传到网络层，被封装 IP 头部后，这个单元称为包(Packet)；数据包继续向下传送到数据链路层，被封装 MAC 头部和尾部后，这个单元称为帧(Frame)；最后帧传送到物理层，数据帧变成比特(Bit)流。

1. 数据封装过程

1) 应用层

人们需要通过计算机传输的数据形式是各式各样的，如汉字、图片、声音等，这些信息被应用层通过特殊的编码过程转换成二进制数据。

2) 传输层

在传输层，上层数据被分割成小的数据段，并为每个分段后的数据封装 TCP 报文头部。TCP 头部有一个关键的字段信息——端口号，它用于标识上层的协议或应用程序，并确保上层应用数据的正常通信。例如，计算机同时运行 QQ 和浏览器，这两种应用程序就可以通过端口号来区分。

3) 网络层

在网络层，数据段被封装新的报文头部——IP 头部。在 IP 头部中有一个关键的字段信息——IP 地址，它用于标识网络的逻辑地址。在网络传输过程中的一些中间设备，如路由器等，会根据 IP 地址将数据转发到目的端。

4) 数据链路层

在数据链路层,数据包被封装一个 MAC 头部,其内部有一个关键的字段信息——MAC 地址,它是固化在硬件设备中的物理地址,用于将数据帧转发到目的主机。

5) 物理层

在物理层,数据帧被转换成比特流在网络中传输。

2. 数据解封装过程

数据解封装是封装过程的逆过程。

1) 物理层

在物理层,将比特流送至数据链路层。

2) 数据链路层

在数据链路层,查看目标 MAC 地址,如果数据帧的目标 MAC 地址就是自己的 MAC 地址,则拆掉数据帧的 MAC 头部,并将剩余的数据送至上一层。

3) 网络层

在网络层,如果目标 IP 地址就是自己的 IP 地址,则拆掉 IP 头部,并将剩余的数据送至上一层。

4) 传输层

在传输层,根据 TCP 头部判断数据段送往哪个应用,然后拆掉 TCP 头部。如果有分组的数据段,则重组,再送往应用层。

5) 应用层

在应用层,数据经过解码后还原为发送者传输的原始信息。

3. 数据封装实战

使用科来网络分析系统抓包,可以查看各层的封装,如图 1.5 所示。

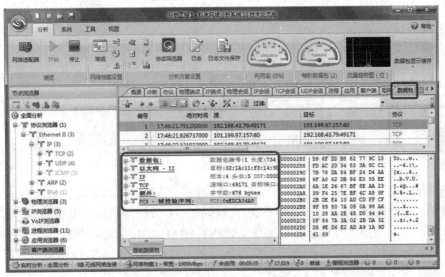

微课视频 001

图 1.5　查看各层的封装

1.2.2 网络中的数据传输过程

需要注意的是，发送方与接收方各层之间必须采用相同的协议才能建立连接，实现正常的通信，如图 1.6 所示。例如，应用层之间必须采用相同的编码、解码规则，才能保证信息传输的正确性。

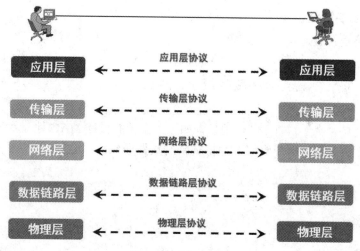

图 1.6 对等层通信

在实际的网络环境中，发送方和接收方之间有可能相隔十万八千里，它们中间会有很多硬件设备来转发数据。我们可以通过一种简化的网络通信结构来说明整个过程，如图 1.7 所示。

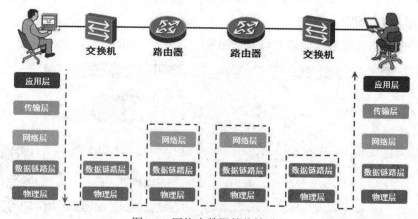

图 1.7 网络中数据的传输过程

发送主机将数据发送到交换机(属于数据链路层的设备)，交换机根据数据帧头部的信息直接转发数据帧。当路由器(属于网络层的设备)收到数据后，会拆掉数据链路层的 MAC 头部信息，将数据送达网络层；然后检测数据包头部的目标 IP 地址信息，并根据该信息进行路由；将数据包转发到下一跳路由器上，路由器在转发前要重新封装新的 MAC 头部信息。数据在传输过程中不断地进行封装和解封装，中间设备属于哪一层就在哪一层对数据进行相关的处理，直至数据转发到目的地。

1.3　数制与数制转换

1.3.1　数制

1. 基本概念

数制：计数的方法，是指用一组固定的符号和统一的规则来表示数值的方法，如在计数过程中采用进位的方法称为进位计数制。

数位：指数字符号在一个数中所处的位置。

基数：指在某种进位计数制中数位上所能使用的数字符号的个数。例如，十进制数的基数是 10。

位权：指在某种进位计数制中数位所代表的大小，即处在某一位上的 1 所表示的数值的大小。例如，十进制第 2 位的位权为 $10^1=10$，第 3 位的位权为 $10^2=100$。

2. 数制的表示方法

对不同的数制，可以给数字加上括号并使用下标来表示该数字的数制(十进制可以不用下标)。例如，$(1110)_2$、113、$(2A1E)_{16}$ 分别代表不同数制的数。

除了用下标表示外，还可以用后缀字母来表示数制。

(1) 十进制数(Decimal Number)用后缀 D 表示或无后缀。

(2) 二进制数(Binary Number)用后缀 B 表示。

(3) 十六进制数(Hexadecimal Number)用后缀 H 表示。

例如，2A1EH 等同于 $(2A1E)_{16}$。

3. 常用的数制

计算机中常用的数制有十进制、二进制和十六进制。

1) 十进制(Decimal)

(1) 基数是 10，数值部分用十个不同的数字符号 0、1、2、3、4、5、6、7、8、9 来表示。

(2) 逢十进一。

2) 二进制(Binary)

(1) 基数为 2，数值部分用两个不同的数字符号 0、1 来表示。

(2) 逢二进一。

二进制数转换为十进制数，例如：

$$1100B = 1\times2^3+1\times2^2+0\times2^1+0\times2^0$$
$$=8+4+0+0$$
$$=12$$

3) 十六进制(Hexadecimal)

(1) 基数是 16，它有 16 个数字符号 0、1、2、3、4、5、6、7、8、9、A、B、C、D、E、F，其中 A～F 分别代表十进制数的 10～15。

(2) 逢十六进一。

计算机中网卡的物理地址通常是用十六进制表示的，如图 1.8 所示。物理地址为 F8-28-19-CD-26-5D，关于计算机网卡的内容会在后续的章节中介绍。

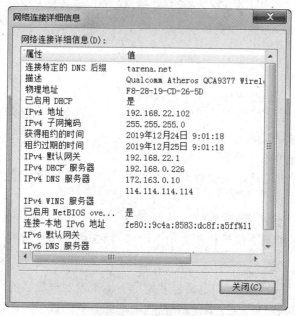

图 1.8 网卡的物理地址

十六进制数转换为十进制数，例如：

$$1010H = 1 \times 16^3 + 0 \times 16^2 + 1 \times 16^1 + 0 \times 16^0$$
$$= 4096 + 0 + 16 + 0$$
$$= 4112$$

1.3.2 数制转换

1. 二、十进制的转换

1.3.1 节已经介绍了二进制数转换为十进制数的内容，那么如何将一个十进制数转换为二进制数呢？可以使用余数法：将要转换的十进制整数除以 2，取余数；再用商除以 2，再取余数，直到商等于 0 为止；将每次得到的余数按照倒序的方法排列起来作为结果。例如：

```
                                    余数
        2 |          123        1
          2 |          61       1
            2 |        30       0
              2 |      15       1
                2 |     7       1
                  2 |   3       1
                    2 | 1       1
                        0
```

把余数倒排可得到 123 的二进制数为 1111011B。

2. 十、十六进制的转换

十六进制向十进制转换，按权展开即可。

从十进制向十六进制转换，也可以采用余数法。例如：

$$
\begin{array}{r}
\text{余 数} \\
16\,\big|\,\underline{123} \quad 11 \\
16\,\big|\,\underline{7} \quad\ 7 \\
0
\end{array}
$$

也就是 123＝7BH。

3. 二、十六进制的转换

从左向右把二进制数中每四个分成一组，然后把每一组二进制数对应的十六进制数写出来，就得到对应的十六进制数。例如：

01111011B＝0111 1011B＝7BH

不同数制之间的对应关系如表 1-2 所示。

表 1-2　二、十、十六进制转换表

二进制	十进制	十六进制
0	0	0
1	1	1
10	2	2
11	3	3
100	4	4
101	5	5
110	6	6
111	7	7
1000	8	8
1001	9	9
1010	10	A
1011	11	B
1100	12	C
1101	13	D
1110	14	E
1111	15	F

1.4　IP 地址与子网掩码

1.4.1　IP 地址的分类

微课视频 002

　　互联网上连接的网络设备和计算机都用唯一的地址来标识，即 IP 地址。IP 地址由 32 位二进制数组成，通常分成四段，每段八位，中间用圆点隔开，然后将每八位二进制数转换成十进制数，这种形式叫作点分十进制，如 200.10.2.3。

　　IP 地址由两部分组成，网络部分(netID)和主机部分(hostID)。网络部分用于标识不同的网络，主机部分用于标识在一个网络中特定的主机。

　　IP 地址的网络部分由 IANA(Internet Assigned Numbers Authority，互联网地址分配机构)来统一分配，为了便于分配和管理，IANA 将 IP 地址分为 A、B、C、D、E 五类，如图 1.9 所示。

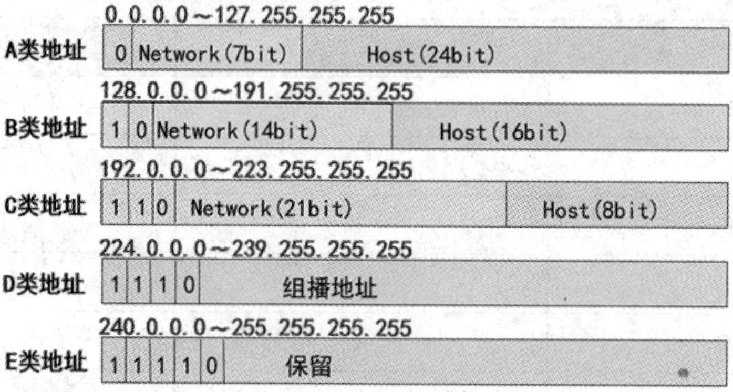

```
                0.0.0.0～127.255.255.255
A类地址  |0| Network(7bit) |      Host(24bit)      |

            128.0.0.0～191.255.255.255
B类地址  |1|0| Network(14bit) |    Host(16bit)    |

          192.0.0.0～223.255.255.255
C类地址  |1|1|0| Network(21bit) |      Host(8bit) |

        224.0.0.0～239.255.255.255
D类地址  |1|1|1|0|        组播地址              |

      240.0.0.0～255.255.255.255
E类地址 |1|1|1|1|0|       保留                 |
```

图 1.9　IP 地址分类

在 IP 地址中，还有一些特殊的规定，如表 1-3 所示。

表 1-3　特殊规定的 IP 地址

网络部分	主机部分	地址类型	用　　途
Any	全"0"	网络地址	代表一个网段
Any	全"1"	广播地址	特定网段的所有节点
127	Any	环回地址	环回测试
全"0"	全"0"	所有网络	用于指定默认路由
全"1"	全"1"	广播地址	本网段所有节点

例如，C 类地址 192.168.1.0 代表一个网段，192.168.1.255 代表该网段的广播地址。

(1) A 类地址：

A 类地址＝网络部分＋主机部分＋主机部分＋主机部分

对 A 类地址来说，它的第 1 个八位组的范围就是 00000000～01111111，换算成十进制就是 0～127。其中 127 又是一个比较特殊的地址，我们用于本机测试的地址就是 127.0.0.1。

A 类地址的有效网络范围是 1～126，全世界只有 126 个 A 类网络。

(2) B 类地址：

$$B 类地址＝网络部分＋网络部分＋主机部分＋主机部分$$

B 类地址的网络部分的范围是 10000000.00000000～10111111.11111111，其中第 1 个八位组换算成十进制就是 128～191。

(3) C 类地址：

$$C 类地址＝网络部分＋网络部分＋网络部分＋主机部分$$

C 类地址的网络部分的范围是 11000000. 00000000.00000000～11011111.11111111.11111111，其中第 1 个八位组换算成十进制就是 192～223。

另外，为了满足用户在私有网络使用的需求，从 A、B、C 这三类地址中分别划出一部分地址供企业内部网络使用。这部分地址称为私有地址，私有地址是不能在 Internet 上使用的。私有地址包括以下三组。

(1) A 类：10.0.0.0～10.255.255.255

(2) B 类：172.16.0.0～172.31.255.255

(3) C 类：192.168.0.0～192.168.255.255

1.4.2　子网掩码

在网络中，不同主机之间通信可以在同一个网段中，也可以在不同网段中。

如果是同一网段内两台主机通信，则主机将数据直接发送给另一台主机；如果不在同一网段，则主机需要先将数据发送给网关，再由网关进行转发，如图 1.10 所示。

图 1.10　是否同一网段

为了区分这两种情况，进行通信的计算机需要做出判断，如图 1.11 所示。

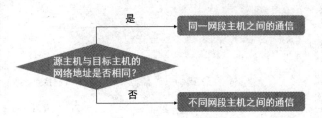

图 1.11　网络地址是否相同

这就需要借助子网掩码(Netmask)。

与 IP 地址一样，子网掩码也是由 32 个二进制位组成，对应 IP 地址的网络部分用 1表示，对应 IP 地址的主机部分用 0 表示，通常也是用四个点分开的十进制数来表示。

对 A、B、C 这三类地址，它们都有默认的子网掩码。

(1) A 类地址的默认子网掩码是 255.0.0.0。

(2) B 类地址的默认子网掩码是 255.255.0.0。

(3) C 类地址的默认子网掩码是 255.255.255.0。

在计算机中查看 IP 地址与子网掩码，如选中无线网络连接，点击详细信息按钮，可以看到 IP 地址为 192.168.22.102，子网掩码为 255.255.255.0，是一个 C 类地址，同时也是私有地址，如图 1.12、图 1.13 和图 1.14 所示。

图 1.12　查看 IP 地址与子网掩码(1)

图 1.13　查看 IP 地址与子网掩码(2)

图 1.14　查看 IP 地址与子网掩码(3)

　　有了子网掩码后，只要把 IP 地址和子网掩码作逻辑与运算，所得的结果就是 IP 地址的网络地址。

　　如图 1.14 中的 IP 地址 192.168.22.102，子网掩码 255.255.255.0，将 IP 地址和子网掩码进行与运算就可以计算出此 IP 地址的网络 ID 为 192.168.22.0。

　　除了使用点分十进制的形式表示掩码，还可以使用位计数形式表示掩码。例如，IP 地址 192.168.22.102，掩码 255.255.255.0，可以表示成 192.168.22.102/24。

本 章 小 结

　　(1)　OSI 参考模型的七个层从下往上依次为物理层、数据链路层、网络层、传输层、会话层、表示层、应用层。

　　(2) TCP/IP 五层模型从下往上依次是物理层、数据链路层、网络层、传输层和应用层。

　　(3)　数据在传输过程中不断地进行封装和解封装，中间设备属于哪一层就在哪一层对数据进行相关的处理，直至数据转发到目的地。

　　(4)　计算机中常用的数制有十进制、二进制和十六进制，它们之间可以互相转换。

　　(5)　IP 地址由两部分组成：网络部分(netID)和主机部分(hostID)。为了便于分配和管理，IANA 将 IP 地址分为 A、B、C、D、E 五类。

　　(6)　只要把 IP 地址和子网掩码作逻辑与运算，所得的结果就是 IP 地址的网络地址。

习　题

1. 下列协议中（　　）是网络层协议。

A. TCP

B. UDP

C. ARP

D. FTP

2. 在计算机网络数据传输过程中，以下说法正确的是（　　）。

A. 在网络层数据封装时，上层数据被封装上新的报文头部

B. 在传输层数据封装时，上层数据被封装一个 MAC 头部

C. 在数据链路层数据封装时，上层数据被分割成小的数据段

D. 在物理层数据封装时，数据被分成小的数据片

3. 下列数据单元与其所在层对应错误的是（　　）。

A. Segment，传输层

B. Frame，网络层

C. Packet，网络层

D. Bits，物理层

4. 数据帧是（　　）的数据单元。

A. 网络层

B. 应用层

C. 数据链路层

D. 传输层

5. 十进制数字 40 转换为二进制是（　　）。

A. 11100

B. 101000

C. 11010

D. 101011

扫码看答案

第 2 章

交换技术

▶ **本章目标**

- 了解物理层/数据链路层的功能，熟悉网络设备及以太网帧；
- 理解交换机的工作原理、冲突域与广播域；
- 掌握交换机的基本配置。

▶ **问题导向**

- MAC 地址有多少比特？如何构成的？
- Ethernet II 帧格式的结构是什么？
- 交换机的工作原理是什么？
- LLDP 协议的作用是什么？

2.1 物 理 层

1. 物理层的功能

物理层是 TCP/IP 模型的最底层，为数据传输提供可靠的环境，物理层在 TCP/IP 五层模型中的位置如下图 2.1 所示。

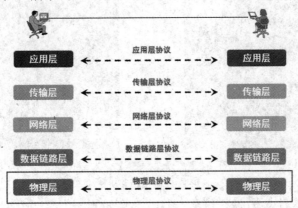

图 2.1　物理层的位置

物理层的主要功能是完成相邻节点之间原始比特流的传输。

物理层协议关心的是以下几个方面。

(1) 使用什么样的物理信号来表示数据 1 和 0。

(2) 数据传输是否可同时在两个方向上进行。

(3) 连接如何建立以及完成通信后连接如何终止。

(4) 物理接口(插头和插座)有多少针以及各针的用处等。

2. 物理层的传输介质

物理层的传输介质包括有线介质和无线介质, 如图 2.2 所示。

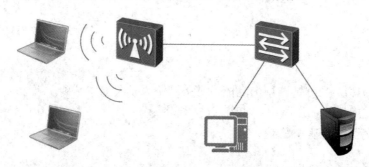

图 2.2　物理层的传输介质

1) 有线介质

使用最普及的有线介质是双绞线。双绞线既可用于传输模拟信号, 也可以用于传输数字信号。

双绞线将一对互相绝缘的金属导线按逆时针方向互相绞合在一起, 用来抵御一部分电磁波干扰, 扭线越密, 其抗干扰能力就越强, 双绞线由此而得名。双绞线由多对铜线组成并被包在一个绝缘电缆套管里。典型的双绞线由四对铜线组成。

双绞线可以分为屏蔽双绞线(STP)和非屏蔽双绞线(UTP), 如图 2.3 所示。屏蔽双绞线通常用于有电磁干扰的工作环境中, 如室外环境。通常情况下, 在布线工程中广泛应用的是非屏蔽双绞线。

(a) 屏蔽双绞线　　　　　　　　　　(b) 非屏蔽双绞线

图 2.3　屏蔽双绞线和非屏蔽双绞线

随着光通信技术的飞速发展, 现在人们已经可以利用光导纤维(简称光纤)来传输数据。按照传输模式的不同, 光纤可分为单模光纤和多模光纤。

如果光纤纤芯的直径较大，则光纤中可能存在多种入射角度，具有这种特性的光纤称为多模光纤(Multi-mode Fiber)，如图 2.4(a)所示。如果将光纤纤芯直径减小到只有光波波长大小，则光纤中只能传输一种模的光，这样的光纤称为单模光纤(Single-mode Fiber)，如图 2.4(b)所示。

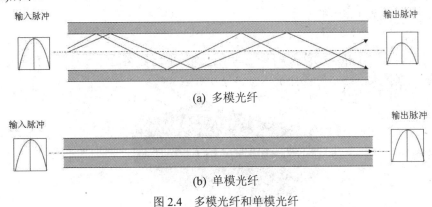

图 2.4 多模光纤和单模光纤

单模光纤用于高速度、长距离传输，而多模光纤用于低速度、短距离传输。

2) 无线介质

无线传输介质不需要架设或铺埋电缆或光纤，而是通过大气传输。可以分为无线电波、微波、红外线和激光等。

无线电波是指在自由空间(包括空气和真空)传播的射频频段的电磁波。

微波频率比一般的无线电波频率高，通常也称为超高频电磁波。红外通信和激光通信也像微波通信一样，有很强的方向性，都是沿直线传播的。这三种技术对环境气候较为敏感，如雨、雾和雷电。

3. 物理层的设备

1) 网络接口卡

网络接口卡(Network Interface Card)简称网卡(NIC)，是网络中必不可少的基本设备，它为计算机之间的通信提供物理连接，如图 2.5 所示。

图 2.5 网卡

每一台计算机接入网络都需要安装网卡，网卡一般是安装在计算机主板的扩展插槽上，还有一些网卡直接集成在计算机的主板上，不需要另外安装。

按照网卡所支持的总线接口不同，可分为 ISA 网卡、PCI 网卡和 USB 网卡；按照速率可分为 10 Mb/s、100 Mb/s、1000 Mb/s 和 10 000 Mb/s 网卡；按照提供的线缆接口类型可分为 RJ-45 接口、光纤网卡等。

2) 中继器

中继器适用于完全相同的两类网络之间的互连，主要功能是通过对数据信号的重新发送或者转发，来扩大网络传输的距离，如图 2.6 所示。

图 2.6　中继器

由于存在损耗，在线路上传输的信号功率会逐渐衰减，衰减到一定程度时将造成信号失真，因此会导致接收错误。中继器就是为解决这一问题而设计的设备。

3) 集线器

集线器(Hub)是将多条以太网双绞线或光纤集合连接在同一段物理介质下的设备，如图 2.7 所示。

图 2.7　集线器

集线器最初只是一个多端口的中继器，在交换网络中已被交换机所取代。

2.2　数据链路层

2.2.1　数据链路层概述

数据链路层在物理线路上提供可靠的数据传输，对网络层而言，它是一条无差错的线路。其在 TCP/IP 5 层模型中的位置如图 2.8 所示。

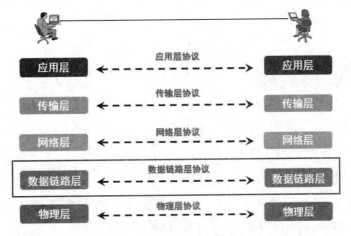

图 2.8 数据链路层的位置

数据链路层的作用如下：

(1) 进行数据链路的建立、维护与拆除。

(2) 进行帧包装、帧传输、帧同步。

(3) 进行帧的差错控制，必要时重新传输。

(4) 进行帧的流量控制。

2.2.2 以太网

1. 以太网的历史

1973 年，位于加利福尼亚的 Xerox 公司提出并实现了最初的以太网。

1990 年，IEEE 标准委员会通过了使用双绞线介质的以太网(10Base-T)标准，该标准很快成为首选的以太网技术。

1991－1992 年，Grand Junction 网络公司开发了一种快速以太网，其运行速率可达到 100 Mb/s。

2. 以太网的工作原理

如图 2.9 所示，在以太网中需要解决的问题如下：

(1) 如果中间的链路是共享的，那么这条链路在同一时间由谁来使用呢？如何来保证这些主机能有序地使用共享链路，不发生数据冲突？

(2) 如果主机 A 发出一个数据帧给主机 B，如何标识主机 A 和主机 B 呢？

(3) 主机之间发送的数据，需要保证双方互相都能读懂，那么它们发送的数据的格式是不是需要有一个统一的规范呢？

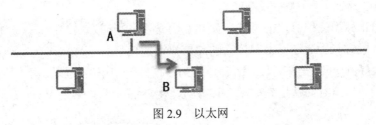

图 2.9 以太网

以太网采用 CSMA/CD(基带冲突检测的载波监听多路访问)避免信号的冲突，其工作原理如下：

(1) 发送前先监听信道是否空闲。

(2) 若空闲则立即发送数据。

(3) 在发送时，边发边继续监听。

(4) 若监听到冲突，则立即停止发送。

(5) 等待一段随机时间(称为退避)以后，再重新尝试发送。

3. MAC 地址

每块网卡生产出来后，都有一个全球唯一的编号来标识，这个地址就是 MAC 地址，即网卡的物理地址。通信中，用来标识主机身份的地址就是 MAC 地址。

MAC 地址由 48 位二进制数组成，通常分成六段，用十六进制表示，如 00-E0-FC-39-80-34。其中，前 24 位是生产厂商向 IEEE 申请的厂商编号(供应商标识)，后 24 位是网络接口卡的序列号(网卡编号)，如图 2.10 所示。

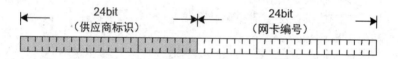

图 2.10　MAC 地址

4. 以太网的帧格式

以太网有多种帧格式，最常用的是 Ethernet II 帧格式，如图 2.11 所示。

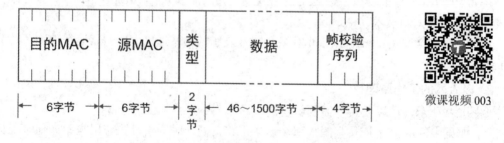

微课视频 003

图 2.11　Ethernet II 帧格式

图 2.11 中，各字段的解释如下：

· 目的 MAC 标识了帧的目的站点的 MAC 地址。

· 源 MAC 标识了发送帧的站点的 MAC 地址。

· 类型用来标识上层协议的类型，如 0800H 表示 IP 协议。

· 数据字段封装了通过以太网传输的高层协议的信息。

· 帧校验序列(FCS)是从目的 MAC 开始到数据部分结束的校验和。

使用科来抓包查看的帧格式如图 2.12 所示。

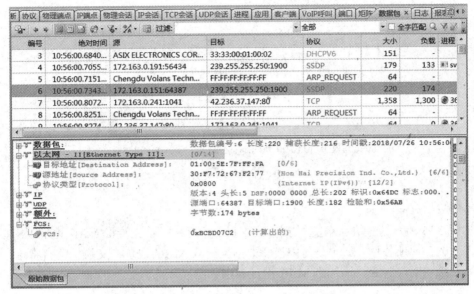

图 2.12 帧格式的抓包

2.3 交 换 机

2.3.1 交换机的工作原理

交换机是用来连接局域网的主要设备,交换机工作在数据链路层,能够根据以太网帧中的目的地址智能地转发数据,如图 2.13 所示。

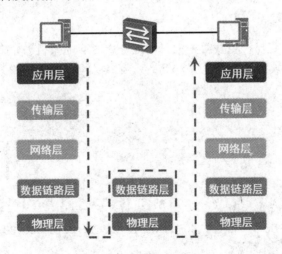

图 2.13 交换机转发数据

下面介绍交换机转发数据帧的过程。

1. 初始状态

如图 2.14 所示,初始状态的交换机其 MAC 地址表是空的。

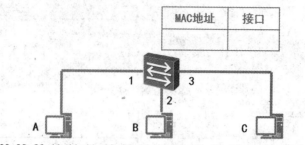

图 2.14　初始状态

2. 学习 MAC 地址

如图 2.15 所示，主机 A 发送数据帧给主机 B，交换机首先查询 MAC 地址表中接口 1 对应的 MAC 地址条目。如果条目中没有数据帧的源 MAC 地址，交换机就会将这个帧的源地址和接口对应起来，添加到 MAC 地址表中。

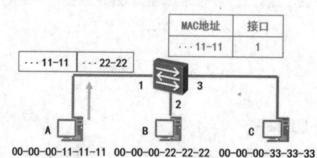

图 2.15　学习 MAC 地址

3. 广播未知数据帧

如图 2.16 所示，交换机查找数据帧目的地址所对应的条目。如果找不到，交换机就无法确定从哪个接口将数据帧转发出去，于是采用广播的方式发送数据帧。

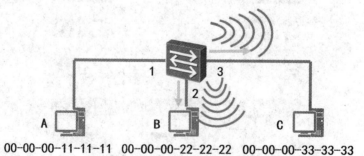

图 2.16　广播未知数据帧

4. 接收方回应

如图 2.17 所示，主机 B 会响应这个广播，并回应一个数据帧，交换机也会将此帧的源 MAC 地址和接口 2 对应起来，添加到 MAC 地址表中。

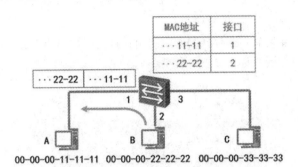

图 2.17　接收方回应

5. 单播通信

此时，交换机 MAC 地址表中已经有主机 A 和主机 B 的条目，如图 2.18 所示，主机 A 和主机 B 之间就可以直接单播通信了。

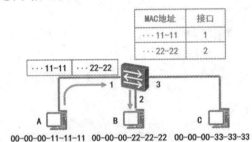

图 2.18　单播通信

交换机动态学习条目，这些条目并不会一直保存在 MAC 地址表中，默认老化时间为 300 s ，之后会自动消失。

2.3.2　冲突域与广播域

1. 接口的双工模式
交换机接口的双工模式有单工、半双工与全双工。

1) 单工
单工传输是指两个数据站之间只能沿单一方向传输数据，如麦克风、电台广播等。

2) 半双工
半双工传输是指两个数据站之间可以实现双向数据传输，但不能同时进行。

例如对讲机，使用对讲机通话的两个人都可以讲话，但只能一个说、一个听，不能同时进行听说。

3) 全双工
全双工传输是指两个数据站之间可以双向且同时进行数据传输。

例如打电话，打电话的双方可以同时讲话。

在交换网络中，通信双方大多采用全双工传输模式。一般来说，各厂商的设备接口默认的双工模式都为自适应，即当实现物理连接后，通信双方的接口自动协商为全双工。

2. 冲突域

在以太网中，如果某个 CSMA/CD 网络中的两台计算机同时通信时会发生冲突，那么这个网络就是一个冲突域，如图 2.19 所示。

图 2.19　冲突域

例如，以集线器连接的网络就是一个冲突域。而交换机的每个端口访问另一个端口时，都有一条专有的线路，不会产生冲突，从而大大提高了传输效率。

3. 广播域

广播域是指接收同样广播消息的节点的集合，该集合中的任何一个节点发送一个广播帧，则所有其他节点都能收到这个帧。

交换机分割冲突域，但是不分割广播域，即交换机的所有端口属于同一个广播域，如图 2.20 所示。

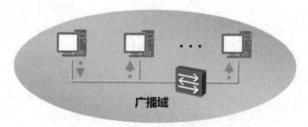

图 2.20　广播域

2.3.3　交换机的基本配置

如图 2.21 所示，使用 eNSP 搭建实验环境，配置各 PC 的 IP 地址，使用 ping 命令来测试连通性。

微课视频 004

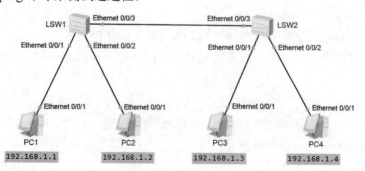

图 2.21　实验拓扑

1. 查看交换机地址与 MAC 地址表

查看交换机 MAC 地址的命令如下：

<Huawei> display bridge mac-address

System bridge MAC address: 4c1f-cc72-4328

查看交换机 MAC 地址表的命令如图 2.22 所示，可以看到交换机已经动态学习到四台主机的 MAC 地址。

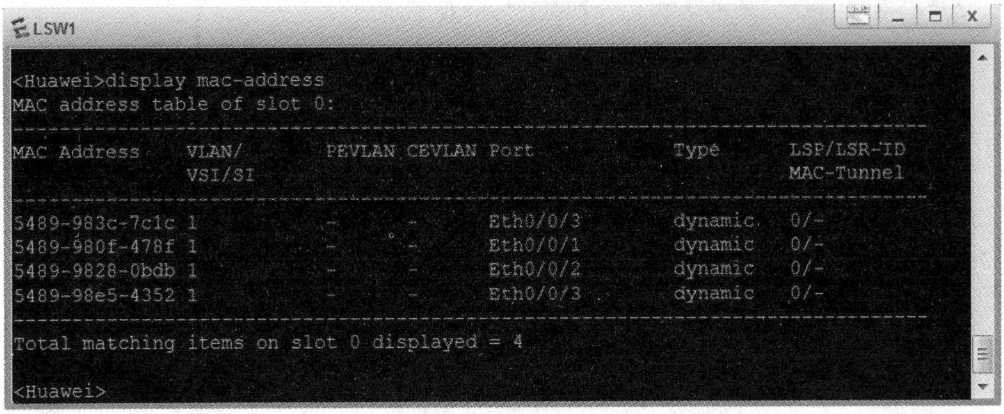

图 2.22 查看交换机 MAC 地址表

2. 配置 LLDP 协议

LLDP(Link Layer Discovery Protocol，链路层发现协议)是第二层发现协议，通过采用 LLDP 技术，网管系统可以快速掌握二层网络拓扑信息和拓扑变化信息。

配置 LLDP 协议及查看邻居设备的信息，命令如下：

[SW2]lldp enable

[SW1]lldp enable

[SW1]displaylldp neighbor brief

Local Intf	Neighbor Dev	Neighbor Intf	Exptime
Eth0/0/3	SW2	Eth0/0/3	95

在 SW1 上可以查看到邻居设备是 SW2 以及接口 Eth0/0/3。

3. 配置接口的工作模式

在非自协商模式下配置接口双工模式(半双工或全双工)的命令如下：

[Huawei-Ethernet0/0/1]undo negotiation auto

[Huawei-Ethernet0/0/1]duplex { half | full }

在非自协商模式下配置接口速率(10 Mb/s 或 100 Mb/s)的命令如下：

[Huawei-Ethernet0/0/1]undo negotiation auto

[Huawei-Ethernet0/0/1]speed { 10 | 100 }

本 章 小 结

物理层的设备包括网络接口卡、中继器和集线器。

数据链路层在物理线路上提供可靠的数据传输，它对网络层而言是一条无差错的线路。

MAC 地址即网卡的物理地址，MAC 地址由 48 位二进制数组成，通常分成六段，用16 进制表示。

以太网有多种帧格式，最为常用的是 Ethernet II 帧格式。

交换机可以动态学习 MAC 地址，形成 MAC 地址表，对未知数据帧采用广播的方式转发。

交换机接口的双工模式有单工、半双工与全双工。

在以太网中，如果某个 CSMA/CD 网络中的两台计算机同时通信时会发生冲突，那么这个网络就是一个冲突域。

广播域是指接收同样广播消息的节点的集合，该集合中的任何一个节点发送一个广播帧，则所有其他节点都能收到这个帧。

LLDP(Link Layer Discovery Protocol，链路层发现协议)是第二层发现协议，通过采用LLDP 技术，网管系统可以快速掌握二层网络拓扑信息和拓扑变化的信息。

习　题

1. 通过抓包工具抓到一个以太网数据帧，发现该帧的协议类型字段的值为 0x0800,下面对该帧描述正确的是 (　　)。

A. 该帧承载的是一个 ARP 报文　　　　　B. 该帧承载的是一个 TCP 报文

C. 该帧承载的是一个 IP 报文　　　　　　D. 该帧承载的是一个 IPX 报文

2. 在以太网 MAC 地址中，前 24 位代表 (　　)。

A. 主机名　　　　　　　　　　　　　　　B. 供应商标识

C. 供应商对网卡的唯一编号　　　　　　　D. 地区标识

3. 在交换机工作过程中，会学习 (　　) MAC 地址。

A. 目标　　　　　　　　　　　　　　　　B. 广播

C. 组播　　　　　　　　　　　　　　　　D. 源

4. 交换机可以根据 MAC 地址智能地转发 (　　)。

A. MAC 地址　　　　　　　　　　　　　　B. 目的 IP

C. 源 IP　　　　　　　　　　　　　　　　D. 数据帧

5. LLDP 协议的作用是 (　　)。

A. 查看 MAC 地址　　　　　　　　　　　B. 查看主机名

C. 查看邻居信息　　　　　　　　　　　　D. 查看 IP 地址

扫码看答案

第 3 章

IP 协议

本章目标

- 掌握 IP 数据包的格式，学会抓包分析的方法；
- 掌握 IP 报头的重点字段(TTL、标识符、协议号)的对应含义；
- 掌握 IP 数据包的封装过程；
- 掌握 ICMP 协议的作用及其应用，理解 ICMP 查询报文的含义；
- 掌握 ARP 协议的原理，学会进行抓包分析。

问题导向

- IP 报头长度最小、最大分别是多少字节？
- TTL 的作用是什么？
- TCP、UDP 的协议号分别是多少？
- IP 数据包在传输过程中，IP 地址与 MAC 地址是如何变化的？
- ICMP 查询报文有哪两种类型？
- ARP 协议的作用是什么？

3.1　IP 协议

3.1.1　IP 数据包的格式

1. 网络层的功能

网络层负责定义数据通过网络传输所经过的路径，其在 TCP/IP 五层模型中的位置如图 3.1 所示。

网络层的功能如下：

(1) 定义了基于 IP 协议的逻辑地址。

(2) 能够连接不同的媒介类型。

(3) 为数据包通过网络选择最佳路径。

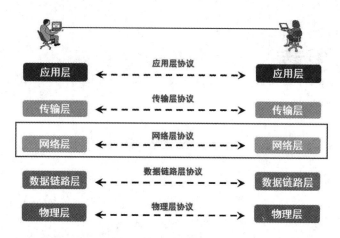

图 3.1　网络层的位置

2. IP 数据包的格式

IP 数据包由 IP 报头和数据组成。其中，IP 报头有两个重要的字段——源 IP 地址和目的 IP 地址，其作用类似于我们平时邮寄包裹时填写的寄件人地址和收件人地址，如图 3.2 所示。

微课视频 005

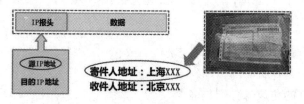

图 3.2　IP 数据包的结构

使用科来网络分析系统可抓包查看 IP 报头的格式，如图 3.3 所示。

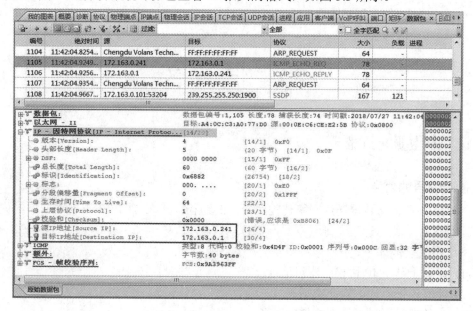

图 3.3　抓包查看 IP 报头的格式

　　IP 报头是可变长度的，其首部由两部分组成：固定部分和可变部分。固定部分为 20 字节；可变部分由一些选项组成，最长为 40 字节，如图 3.4 所示。

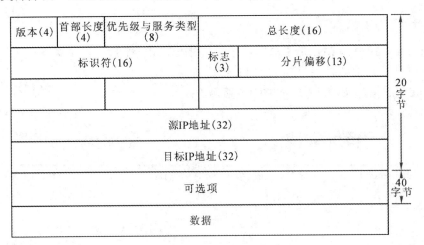

图 3.4　IP 数据包的组成

　　IP 报头中各字段的含义如下：

　　(1) 版本(Version)：该字段包含的是 IP 的版本号，为 4 比特。IP 的版本分为 IPv4 和 IPv6，目前 IPv4 面临的最大问题是 IP 地址空间不足，而 IPv6 有巨大的地址空间。

　　(2) 首部长度(Header Length)：该字段表示 IP 报头的长度，为 4 比特。IP 报头的长度是可变的，最短为 20 字节，具体长度取决于选项字段的长度。

　　(3) 优先级与服务类型(Priority & Type of Service)：该字段表示数据包的优先级和服务类型，为 8 比特。通过在数据包中划分一定的优先级，可实现 QoS(服务质量)。

　　(4) 总长度(Total Length)：该字段表示整个 IP 数据包的长度，为 16 比特，最长为 65 535 字节，包括包头和数据。

　　(5) 标识符(Identification)：用于标识一个数据包，为 16 比特。

　　(6) 标志(Flags)：用于 IP 分片，为 3 比特。

　　(7) 分片偏移(Fragment Offset)：用于 IP 分片，为 13 比特。

　　(8) TTL(Time to Live)：生命周期字段，为 8 比特，用来防止一个数据包在网络中无限地循环下去。每经过一个路由器该值减 1，TTL 值为 0 时，数据包丢弃。

　　(9) 协议号(Protocol)：协议字段，为 8 比特，用于表示在 IP 数据包中封装的是哪一个协议。TCP 的协议号为 6，UDP 的协议号为 17。

　　(10) 首部校验和(Header Checksum)：该字段表示校验和，为 16 比特。

　　(11) 源 IP 地址(Source IP Address)：该字段表示数据包的源地址，为 32 比特。

　　(12) 目标 IP 地址(Destination IP Address)：该字段表示数据包的目的地址，为 32 比特。

　　(13) 可选项(Options)：该选项的字段可根据实际情况变长，可以和 IP 一起使用的可选项有多个。

　　与 IP 分片有关的字段有三个：标识符、标志、分片偏移。IP 分片会导致一些安全问题，我们将在后续章节进行介绍。

3.1.2　IP 报头的重点字段分析

1.　TTL

3.1.1 节已经说明，TTL 是生命周期字段，用来防止一个数据包在网络中无限地循环下去。每经过一个路由器时该值减 1，TTL 值为 0 时，数据包被丢弃。

使用 eNSP 搭建实验环境，如图 3.5 所示。

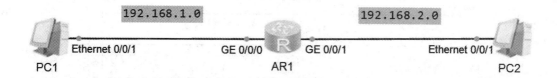

图 3.5　实验环境

分别在路由器的接口 G0/0/0 和 G0/0/1 开始抓包，然后在 PC1 上 ping PC2。在 G0/0/0 抓包的 TTL 值为 128，如图 3.6 所示。

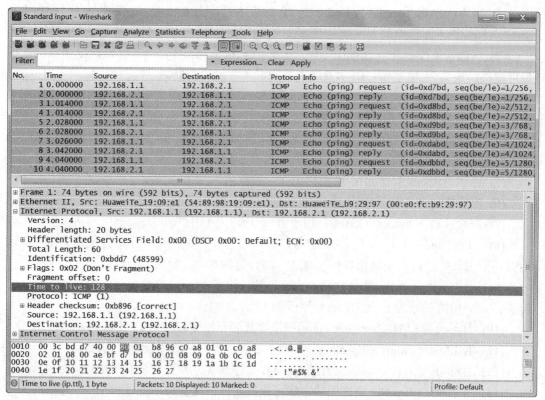

图 3.6　TTL 抓包(1)

在 G0/0/1 抓包的 TTL 值为 127，验证了 TTL 每经过一个路由器时该值减 1，如图 3.7 所示。

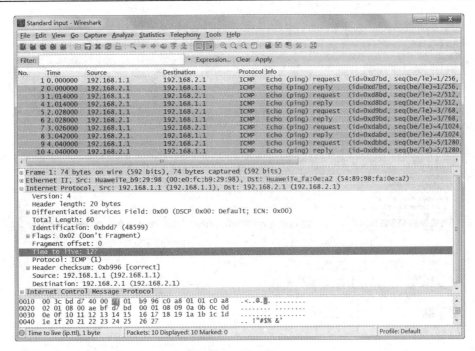

图 3.7　TTL 抓包(2)

2. 标识符

标识符字段用于标识一个数据包，仍然使用图 3.5 所示的实验环境。

在 G0/0/0 抓的第一个包的 Id 为 48599，如图 3.8 所示。在 G0/0/0 抓的第二个包的 Id 为 48600，如图 3.9 所示。

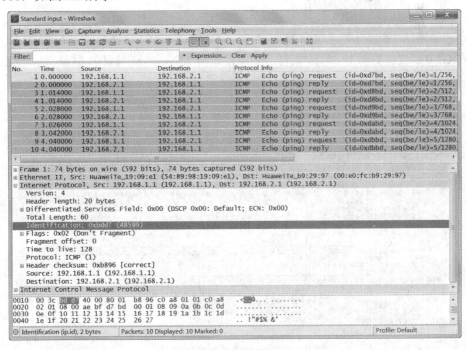

图 3.8　标识符抓包(1)

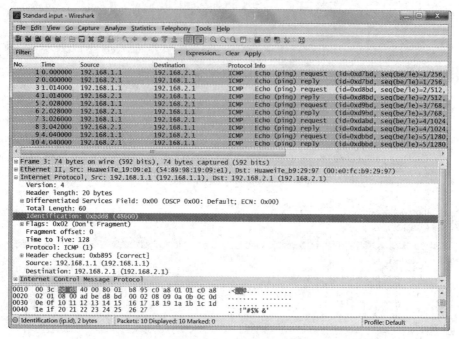

图 3.9　标识符抓包(2)

3. 协议号

协议号表示在 IP 数据包中封装的是哪一个协议。

查看之前的抓包，可以看到 ICMP 的协议号为 1，如图 3.9 所示。

3.1.3　IP 数据包的封装过程

继续使用图 3.5 所示的实验环境。

在 G0/0/0 抓包的源 IP 地址与目的 IP 地址、源 MAC 地址与目的 MAC 地址如图 3.10 所示。

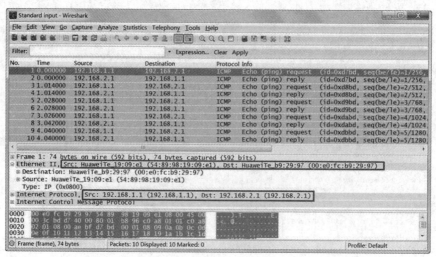

图 3.10　IP 数据包的封装过程(1)

在 G0/0/1 抓包的源 IP 地址与目的 IP 地址、源 MAC 地址与目的 MAC 地址，如图 3.11
所示。

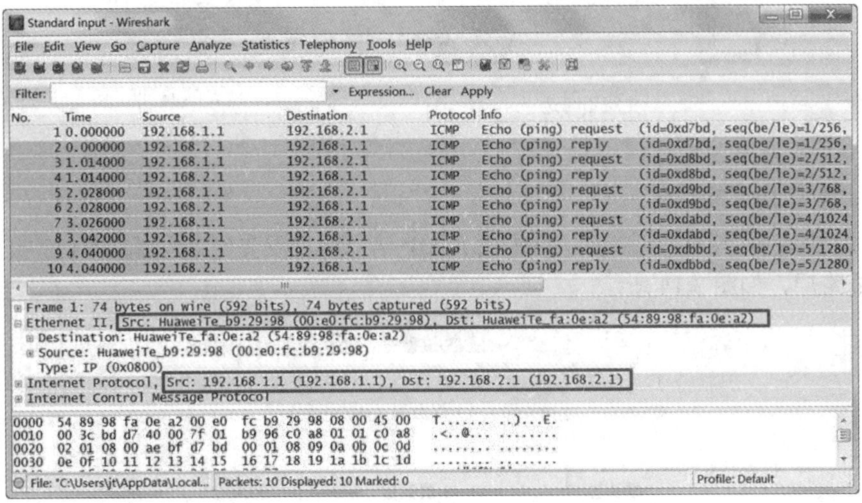

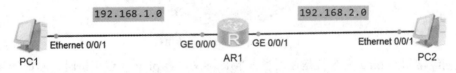

图 3.11　IP 数据包的封装过程(2)

可以看出，在整个过程中，IP 地址始终不变，MAC 地址一直在变，如图 3.12 所示。

源IP地址	192.168.1.1
目的IP地址	192.168.2.1
源MAC地址	54:89:98:19:09:e1
目的MAC地址	00:e0:fc:b9:29:97

源IP地址	192.168.1.1
目的IP地址	192.168.2.1
源MAC地址	00:e0:fc:b9:29:98
目的MAC地址	54:89:98:fa:0e:a2

图 3.12　IP 数据包的封装过程(3)

这个过程说明了路由器在接收到数据帧后，首先对其解封装，然后在转发数据包之前，
再重新封装数据帧后才发送出去。

3.2　ICMP 与 ARP 协议

3.2.1　ICMP 协议

1. ICMP 协议的作用

ICMP 协议(Internet Control Message Protocol)的全称是 Internet 控制报文协议，用来侦
测或通知网络设备之间发生的各种各样的情况，了解网络设备之间的连接状况。

如图 3.13 所示，当路由器收到一个数据包时，如果不能将该数据包送到最终目的地，

路由器会向源主机发送一个 ICMP 主机不可达的消息。

图 3.13   ICMP 协议场景

2. ICMP 协议的封装

ICMP 协议属于网络层协议。当传输 ICMP 信息时，要先封装网络层的 IP 报头，再交给数据链路层，如图 3.14 所示。

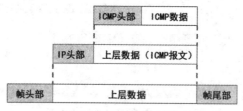

图 3.14   ICMP 的封装

3. ICMP 协议的应用

如图 3.15 所示，可以使用 ICMP 来检测双向通路的连通性，即数据包能够到达对端并能够返回。

图 3.15   ICMP 协议的应用

我们经常用的 ping 命令就是使用了 ICMP 协议。当 ping 一台主机时，本地计算机发出的就是 ICMP 数据包，ping 命令的基本格式如下：

ping   [-t]   目标 IP 或主机名

其中，-t 为可选参数，其含义是持续 ping。

使用 ping 命令来检测两台设备之间的连通性时，常见的反馈结果。例如，连接建立成功、目标主机不可达、请求时间超时、未知主机名等，如图 3.16 和图 3.17 所示。

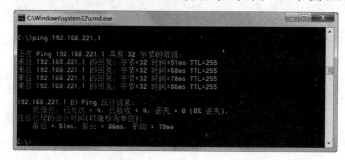

图 3.16   连接建立成功

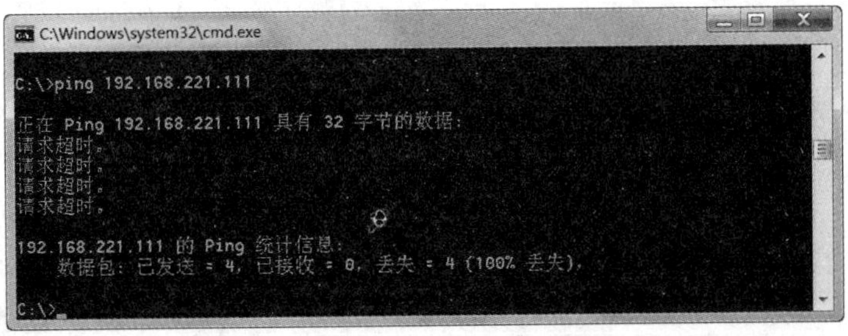

图 3.17　请求超时

4．ICMP 查询报文

前面我们介绍了使用 ping 命令来检测两台设备之间的连通性时,本地设备发出 ICMP 数据包,对端设备会反馈结果。那么从专业的角度来说,这种 ICMP 数据包就是 ICMP 查询报文。由本地设备先发出类型 8 的 Echo 报文,对端设备回应类型 0 的 Echo Reply 报文,如图 3.18 所示。

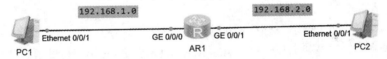

图 3.18　ICMP 查询报文

接下来我们通过抓包来分析。使用 eNSP 搭建实验环境,如图 3.19 所示。

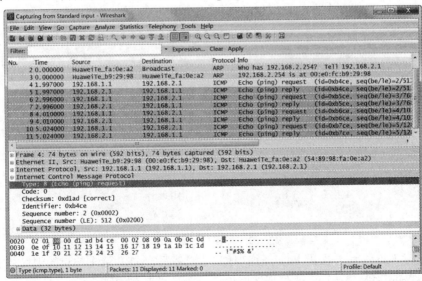

图 3.19　ICMP 查询报文实验环境

在接口 G0/0/0 开始抓包,然后在 PC1 上 ping PC2,抓到 Echo 报文,如图 3.20 所示。

图 3.20　Echo 报文

抓到 Echo Reply 报文，如图 3.21 所示。

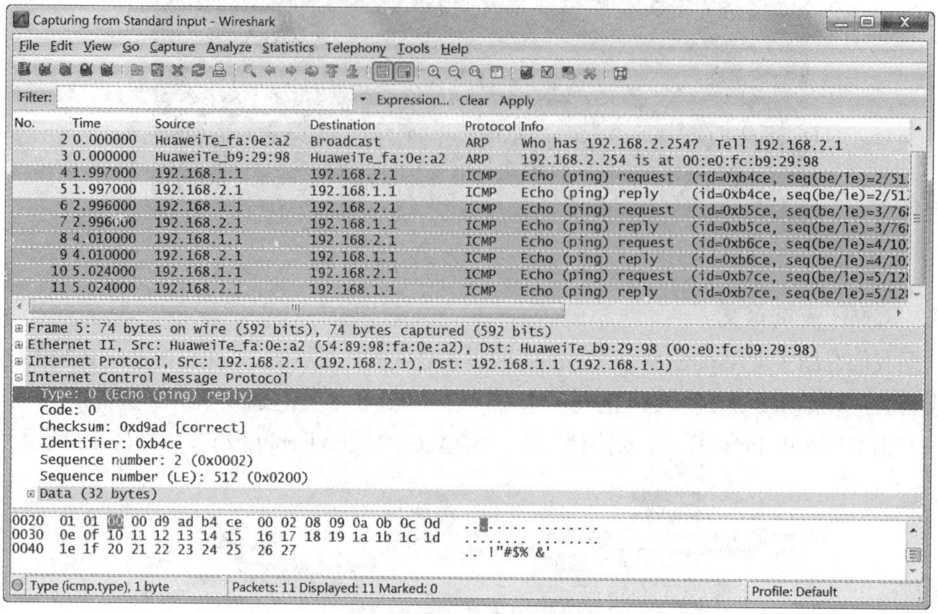

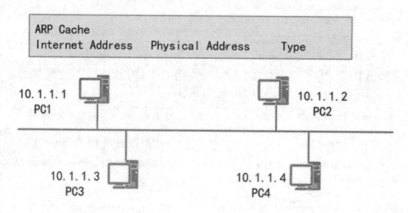

图 3.21　Echo Reply 报文

3.2.2　ARP 协议

1. ARP 协议原理

局域网中主机之间是通过 MAC 地址进行通信的，那么在已知 IP 地址的情况下，如何获取其 MAC 地址呢？这就需要 ARP(Address Resolution Protocol，地址解析协议)来发挥作用了。

(1) 如图 3.22 所示，主机 PC1 要发送数据给主机 PC2，它首先检查自己的 ARP 缓存表，初始状态 ARP 缓存表是空的。

图 3.22　ARP 协议原理(1)

(2) 如图 3.23 所示，主机 PC1 发送 ARP 请求信息，ARP 请求的目的地址是 MAC 广播地址(FF-FF-FF-FF-FF-FF)，其保证所有的设备都能够收到该请求。

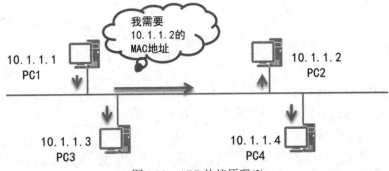

图 3.23　ARP 协议原理(2)

(3) 如图 3.24 所示，当 PC2 主机接收到 ARP 请求后，与其进行 IP 地址的比较。如果目标 IP 地址与自己的 IP 地址相同，则发送一个 ARP 应答，来告诉 PC1 自己的 MAC 地址。

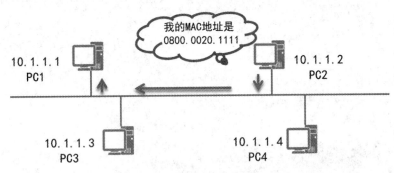

图 3.24　ARP 协议原理(3)

(4) 如图 3.25 所示，PC1 接收到 ARP 应答后，在自己的 ARP 缓存表中添加 PC2 的 IP 地址和 MAC 地址的对应关系。

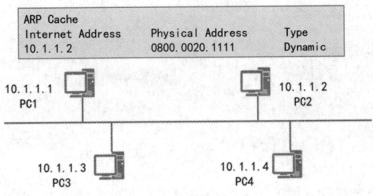

图 3.25　ARP 协议原理(4)

ARP 协议的这种更新机制会导致一些安全问题，我们将在后续章节进行介绍。

2. ARP 协议抓包分析

使用 eNSP 搭建实验环境，如图 3.26 所示。

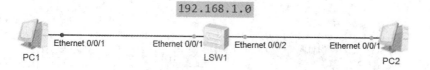

图 3.26 实验环境

微课视频 006

(1) 在 PC1 接口开始抓包，在 PC1 上 ping PC2，抓到 ARP 请求包，其目的地址是 MAC 广播地址(FF-FF-FF-FF-FF-FF)，如图 3.27 所示。

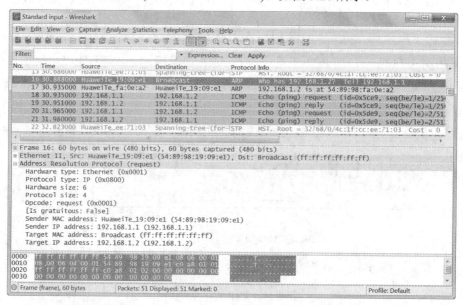

图 3.27 ARP 请求包

(2) 抓到 ARP 应答包，如图 3.28 所示。

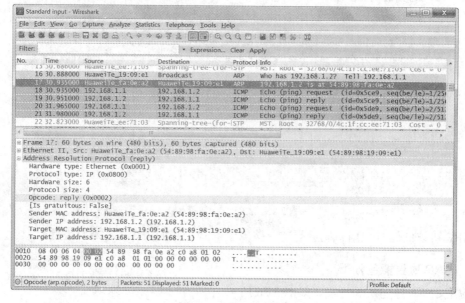

图 3.28 ARP 应答包

(3) 在 PC1 上使用 arp-a 的命令来查看 ARP 缓存表,如图 3.29 所示。可以看到,初始状态的 ARP 缓存表是空的,发送数据包后,ARP 缓存表中产生了动态类型的条目。

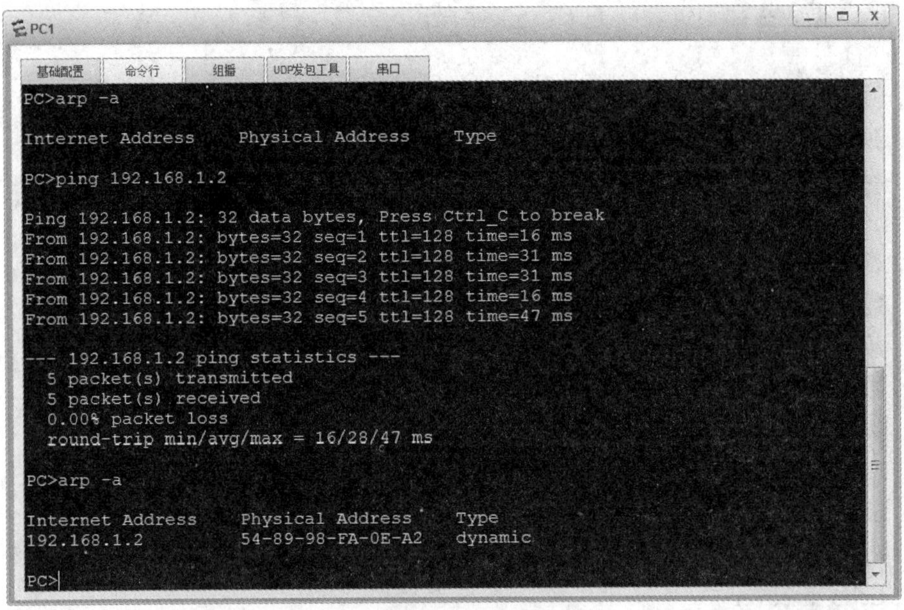

图 3.29　ARP 缓存表

本 章 小 结

IP 数据报头最短为 20 字节,但其长度是可变的,具体长度取决于选项字段的长度。

TTL 是生命周期字段,用来防止一个数据包在网络中无限地循环下去。每经过一个路由器该值减 1,TTL 值为 0 时,数据包丢弃。

IP 数据包在传输过程中,IP 地址始终不变,MAC 地址一直在变。

ICMP 协议(Internet Control Message Protocol)用来侦测或通知网络设备之间发生的各种各样的情况,了解网络设备之间的连接状况。

使用 ping 命令来检测两台设备之间的连通性时,常见的反馈结果有连接建立成功、目标主机不可达、请求时间超时、未知主机名等。

ICMP 查询报文包括类型 8 的 Echo 报文和类型 0 的 Echo Reply 报文。

已知 IP 地址,要想获取其 MAC 地址,就需要通过 ARP(Address Resolution Protocol,地址解析协议)来获取。

习　题

1. 在 IP 数据包的首部格式中,(　　　)字段决定数据包是否允许被分片。

A. 标识符(identification)

B. 标志(flags)

C. 段偏移量(fragment offset)

D. 协议号(protocol)

2. IP 数据包头部不包含以下（　　　）字段。

A. TTL

B. 端口号

C. 源 IP 地址

D. 目的 IP 地址

3. IP 数据包中的 TTL 含义是（　　　）。

A. 数据长度

B. 数据协议类型

C. 数据传输延迟

D. 数据生命周期

4. 以下（　　　）是 ICMP 协议的类型。

A. Echo offer

B. Echo reply

C. Echo ack

D. Echo discover

5. 关于 ARP 协议，以下描述正确的是（　　　）。

A. ARP 协议用于将 IP 地址解析为 MAC 地址

B. ARP 协议用于将 MAC 地址解析为 IP 地址

C. ARP 请求信息的源 MAC 地址为广播地址

D. ARP 请求信息的目的 MAC 地址为广播地址

扫码看答案

第 4 章

TCP 协议

本章目标

- 熟悉 TCP 的封装格式，学会抓包分析；
- 掌握 TCP 的连接与断开、TCP 建立连接过程中的状态；
- 理解 TCP 的流控与差错控制；
- 理解 TCP 的计时器(重传、坚持、保活、时间等待)的功能；
- 理解 UDP 的封装格式；
- 理解 FTP 的主动模式与被动模式的区别。

问题导向

- TCP 协议 SYN、ACK、FIN 控制位的作用分别是什么？
- TCP 三次握手的过程是怎样的？
- TCP 四次挥手的过程是怎样的？
- TCP 使用了哪四种计时器？
- 什么是 FTP 的被动模式？

4.1　传输层协议

1. 传输层概述

传输层的主要功能是实现网络中不同主机上用户进程之间的数据通信，传输层在 TCP/IP 五层模型中的位置如下图 4.1 所示。

网络层和数据链路层负责将数据送达目的地端主机，而传输层负责将这个数据传送到相应的端口，交给某个用户进程去处理。例如，两个人使用 QQ 聊天，就是通过 IP 地址 + 端口号来通信的，如图 4.2 所示。

2. 传输层分类协议

TCP/IP 协议族的传输层协议主要有两个：TCP(Transmission Control Protocol，传输控制协议)和 UDP(User Datagram Protocol，用户数据报协议)。

　　TCP 是面向连接的、可靠的、进程到进程的通信的协议。TCP 在网络中的应用范围很广，在使用 TCP 协议时，通信方对数据的可靠性要求高，数据传输效率降低是可以接受的。

　　UDP 是一个无连接、不保证可靠性的传输层协议，发送端不关心发送的数据是否到达目的地主机。UDP 的首部结构简单，在数据传输时效率高。

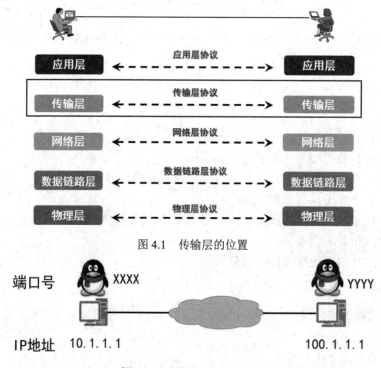

图 4.1　传输层的位置

图 4.2　IP 地址+端口号通信

4.2　TCP 与 UDP 协议

4.2.1　TCP 协议

1. TCP 的封装格式

　　TCP 将若干个字节构成一个分组，称为报文段(Segment)。TCP 报文段封装在 IP 数据报中，如图 4.3 所示。

图 4.3　TCP 报文段的封装

微课视频 007

1) TCP 报文段的首部格式

TCP 报文段的首部长度为 20～60 字节，格式如图 4.4 所示。

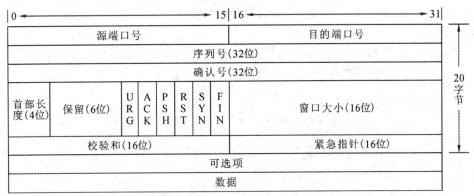

图 4.4　TCP 报文段的首部格式

下面通过抓包来看一下 TCP 报文段的首部格式。

使用 eNSP 搭建实验环境，如图 4.5 所示。

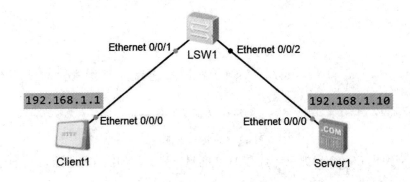

图 4.5　实验环境

(1) 在 Server1 上搭建 Web 服务，如图 4.6 所示。

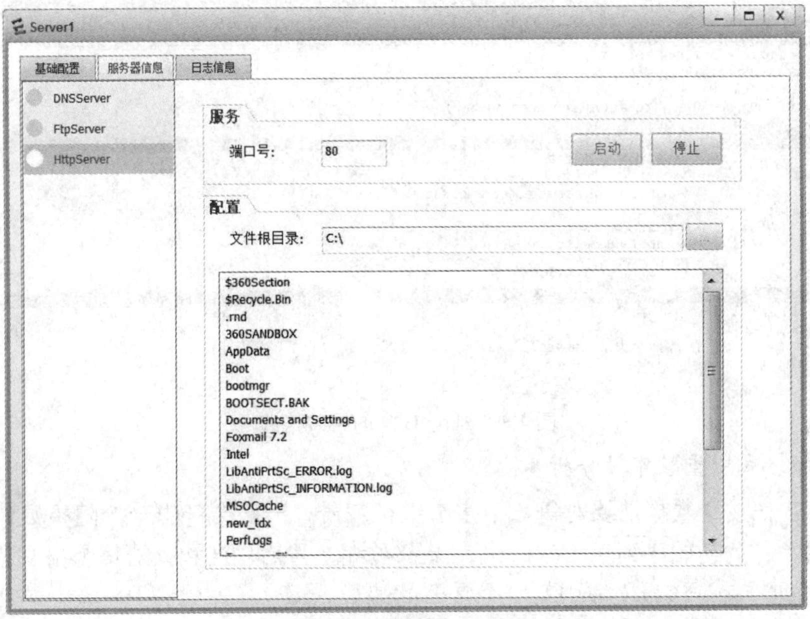

图 4.6　搭建 Web 服务

(2) 在 Client1 上访问 Web 服务，如图 4.7 所示。

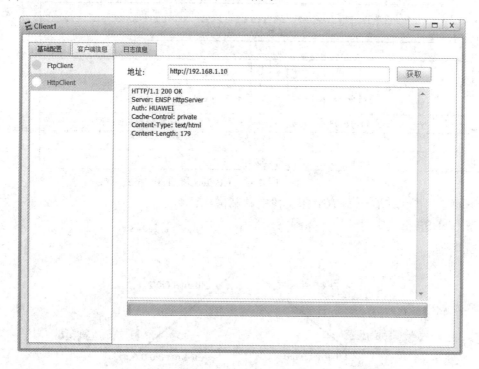

图 4.7　访问 Web 服务

(3) 在交换机 E0/0/2 口抓包，查看 TCP 的封装格式，如图 4.8 所示。

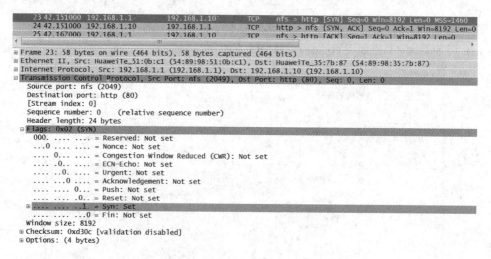

图 4.8　抓包 TCP 的封装格式

2) 首部格式中重点字段分析

(1) TCP 在发送数据前要对每一个字节进行编号，一般会产生一个随机数作为第 1 个字节的编号，称为初始序列号(ISN)。当字节都被编上号后，TCP 就给每个报文段指派一个序列号，序列号就是该报文段中第一个字节的编号。

当数据到达目的地后，接收端会按照这个序列号把数据重新排列，保证数据的正确性。

TCP 提供全双工服务，即数据可在同一时间双向传输，TCP 每个方向的编号是互相独立的。

(2) 确认号是对发送端的确认信息，用来告诉发送端这个序列号之前的数据段都已经收到。如果确认号是 X，则表示前 X−1 个数据段都已经收到。

(3) 控制位一共有六个，各位的含义如下：

URG：紧急指针有效位。

ACK：只有当 ACK＝1 时，确认序列号字段才有效；当 ACK＝0 时，确认序列号字段无效。

PSH：当该值为 1 时要求接收方尽快将数据段送达应用层。

RST：当该值为 1 时，通知重新建立 TCP 连接。

SYN：同步序号位，TCP 需要建立连接时将这个值设为 1。

FIN：发送端完成发送的任务位，当 TCP 完成数据传输、需要断开连接时，提出断开连接的一方将这个值设为 1。

(4) 窗口值说明本地可接收数据段的数目，这个值的大小是可变的。当网络通畅时将这个窗口值变大以加快传输速度，当网络不稳定时减小这个值可保证数据的可靠传输。

2. TCP 建立连接的过程

TCP 是面向连接的协议，它在源点和终点之间建立一条虚连接。在数据通信之前，发送端与接收端要先建立连接；等数据发送结束后，双方再断开连接。TCP 连接的每一方都是由一个 IP 地址和一个端口号所组成的。

TCP 建立连接的过程称为三次握手。图 4.9 所示是 TCP 三次握手的示意图。

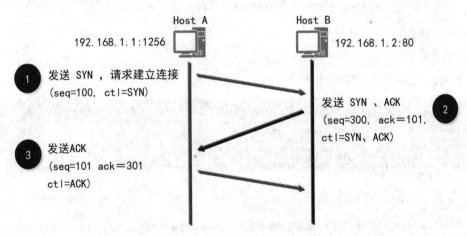

图 4.9　TCP 三次握手的示意图

(1) 第一次握手。

Host A 使用一个随机的端口号 1256 向 Host B 的 80 端口发送建立连接的请求，此过程的典型标志就是 TCP 的 SYN 控制位为 1，初始序列号为 100。

(2) 第二次握手。

Host B 收到了 Host A 的请求，向 Host A 回复一个确认信息。此过程的典型标志就是 TCP 的 ACK 控制位为 1，确认序列号是 101。

同时 Host B 也向 Host A 发送建立连接的请求。此过程的典型标志和第一次握手一样，即 TCP 的 SYN 控制位为 1，初始序列号为 300。

(3) 第三次握手。

Host A 收到了 Host B 的回复(包含请求和确认两个信息)，也要向 Host B 回复一个确认信息。此过程的典型标志就是 TCP 的 ACK 控制位为 1，确认序列号是 301。

微课视频 008

这样就完成了三次握手，Host A 与 Host B 之间建立起了 TCP 连接。

下面通过抓包来看一下 TCP 三次握手的过程。

仍然使用图 4.5 所示的实验环境，在 Server1 上搭建 Web 服务，在交换机 E0/0/2 口开启抓包，在 Client1 上访问 Web 服务。

(1) 第一次握手的过程如图 4.10 所示。可以看到，SYN 的控制位为 1。

```
  23 42.151000 192.168.1.1       192.168.1.10       TCP   nfs > http [SYN] Seq=0 Win=8192 Len=0 MSS=1460
  24 42.151000 192.168.1.10      192.168.1.1        TCP   http > nfs [SYN, ACK] Seq=0 Ack=1 Win=8192 Len=0
  25 42.167000 192.168.1.10      192.168.1.10       TCP   nfs > http [ACK] Seq=1 Ack=1 Win=8192 Len=0
                                 III
⊞ Frame 23: 58 bytes on wire (464 bits), 58 bytes captured (464 bits)
⊞ Ethernet II, Src: HuaweiTe_51:0b:c1 (54:89:98:51:0b:c1), Dst: HuaweiTe_35:7b:87 (54:89:98:35:7b:87)
⊞ Internet Protocol, Src: 192.168.1.1 (192.168.1.1), Dst: 192.168.1.10 (192.168.1.10)
⊟ Transmission Control Protocol, Src Port: nfs (2049), Dst Port: http (80), Seq: 0, Len: 0
    Source port: nfs (2049)
    Destination port: http (80)
    [Stream index: 0]
    Sequence number: 0    (relative sequence number)
    Header length: 24 bytes
  ⊟ Flags: 0x02 (SYN)
      000. .... .... = Reserved: Not set
      ...0 .... .... = Nonce: Not set
      .... 0... .... = Congestion Window Reduced (CWR): Not set
      .... .0.. .... = ECN-Echo: Not set
      .... ..0. .... = Urgent: Not set
      .... ...0 .... = Acknowledgement: Not set
      .... .... 0... = Push: Not set
      .... .... .0.. = Reset: Not set
      .... .... ..1. = Syn: Set
      .... .... ...0 = Fin: Not set
    Window size: 8192
  ⊞ Checksum: 0xd30c [validation disabled]
  ⊞ Options: (4 bytes)
```

图 4.10　TCP 三次握手(1)

(2) 第二次握手的过程如图 4.11 所示。可以看到，ACK 和 SYN 的控制位都为 1。

```
  23 42.151000 192.168.1.1       192.168.1.10       TCP   nfs > http [SYN] Seq=0 Win=8192 Len=0 MSS=1460
  24 42.151000 192.168.1.10      192.168.1.1        TCP   http > nfs [SYN, ACK] Seq=0 Ack=1 Win=8192 Len=0
  25 42.167000 192.168.1.1       192.168.1.10       TCP   nfs > http [ACK] Seq=1 Ack=1 Win=8192 Len=0
                                 III
⊞ Frame 24: 58 bytes on wire (464 bits), 58 bytes captured (464 bits)
⊞ Ethernet II, Src: HuaweiTe_35:7b:87 (54:89:98:35:7b:87), Dst: HuaweiTe_51:0b:c1 (54:89:98:51:0b:c1)
⊞ Internet Protocol, Src: 192.168.1.10 (192.168.1.10), Dst: 192.168.1.1 (192.168.1.1)
⊟ Transmission Control Protocol, Src Port: http (80), Dst Port: nfs (2049), Seq: 0, Ack: 1, Len: 0
    Source port: http (80)
    Destination port: nfs (2049)
    [Stream index: 0]
    Sequence number: 0    (relative sequence number)
    Acknowledgement number: 1    (relative ack number)
    Header length: 24 bytes
  ⊟ Flags: 0x12 (SYN, ACK)
      000. .... .... = Reserved: Not set
      ...0 .... .... = Nonce: Not set
      .... 0... .... = Congestion Window Reduced (CWR): Not set
      .... .0.. .... = ECN-Echo: Not set
      .... ..0. .... = Urgent: Not set
      .... ...1 .... = Acknowledgement: Set
      .... .... 0... = Push: Not set
      .... .... .0.. = Reset: Not set
      .... .... ..1. = Syn: Set
      .... .... ...0 = Fin: Not set
    Window size: 8192
  ⊞ Checksum: 0xb5be [validation disabled]
  ⊞ Options: (4 bytes)
```

图 4.11　TCP 三次握手(2)

(3) 第三次握手的过程如图 4.12 所示。可以看到，ACK 的控制位为 1。

```
  23 42.151000  192.168.1.1        192.168.1.10        TCP    nfs > http [SYN] Seq=0 Win=8192 Len=0 MSS=1460
  24 42.151000  192.168.1.10       192.168.1.1         TCP    http > nfs [SYN, ACK] Seq=0 Ack=1 Win=8192 Len=0
  25 42.167000  192.168.1.1        192.168.1.10        TCP    nfs > http [ACK] Seq=1 Ack=1 Win=8192 Len=0
◄                              III                                                              ►
⊞ Frame 25: 54 bytes on wire (432 bits), 54 bytes captured (432 bits)
⊞ Ethernet II, Src: HuaweiTe_51:0b:c1 (54:89:98:51:0b:c1), Dst: HuaweiTe_35:7b:87 (54:89:98:35:7b:87)
⊞ Internet Protocol, Src: 192.168.1.1 (192.168.1.1), Dst: 192.168.1.10 (192.168.1.10)
⊟ Transmission Control Protocol, Src Port: nfs (2049), Dst Port: http (80), Seq: 1, Ack: 1, Len: 0
     Source port: nfs (2049)
     Destination port: http (80)
     [Stream index: 0]
     Sequence number: 1    (relative sequence number)
     Acknowledgement number: 1    (relative ack number)
     Header length: 20 bytes
  ⊟ Flags: 0x10 (ACK)
     000. .... .... = Reserved: Not set
     ...0 .... .... = Nonce: Not set
     .... 0... .... = Congestion Window Reduced (CWR): Not set
     .... .0.. .... = ECN-Echo: Not set
     .... ..0. .... = Urgent: Not set
     .... ...1 .... = Acknowledgement: Set
     .... .... 0... = Push: Not set
     .... .... .0.. = Reset: Not set
     .... .... ..0. = Syn: Not set
     .... .... ...0 = Fin: Not set
     Window size: 8192
  ⊞ Checksum: 0xcd7b [validation disabled]
  ⊞ [SEQ/ACK analysis]
```

图 4.12   TCP 三次握手(3)

3. TCP 建立连接过程中的不同状态

TCP 在建立连接过程中，主机会处于不同的状态，如图 4.13 所示。

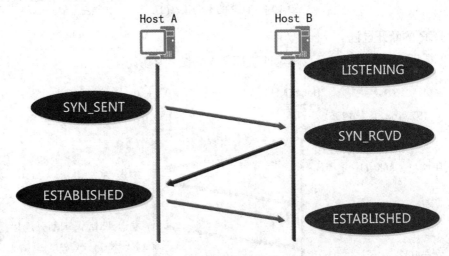

图 4.13   TCP 的不同状态(1)

首先，Host B 监听端口，处于 LISTENING 状态，然后开始三次握手。

(1) 第一次握手。

Host A 向 Host B 发送建立连接的请求，进入 SYN_SENT 状态，等待 Host B 确认。

(2) 第二次握手。

Host B 向 Host A 回复确认信息，进入 SYN_RCVD 状态。

(3) 第三次握手。

Host A 收到了 Host B 的回复，Host B 也收到了 Host A 的回复，连接建立成功。Host A 和 Host B 都进入 ESTABLISHED 状态。

在主机上运行 netstat － na 命令查看状态，如图 4.14 所示。

图 4.14　TCP 的不同状态(2)

4. TCP 的断开过程

TCP 断开连接分为四步，也称为四次挥手，如图 4.15 所示。

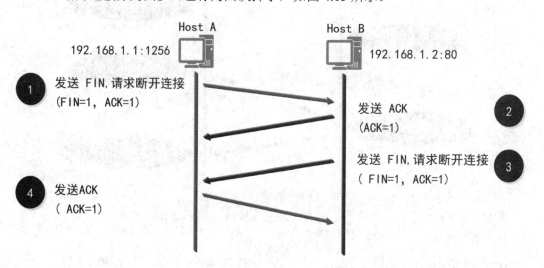

图 4.15　TCP 四次挥手示意图

(1) Host A 向 Host B 发送 FIN 和 ACK 控制位为 1 的 TCP 报文段。

(2) Host B 向 Host A 返回 ACK 控制位为 1 的 TCP 报文段。

(3) Host B 向 Host A 发送 FIN 和 ACK 控制位为 1 的 TCP 报文段。

(4) Host A 向 Host B 返回 ACK 控制位为 1 的 TCP 报文段。

下面通过抓包来看一下 TCP 四次挥手的过程。

仍然使用图 4.5 所示的实验环境，在 Server1 搭建 Web 服务，在交换机 E0/0/2 口开启抓包，在 Client1 上访问 Web 服务。

(1) 第一次挥手如图 4.16 所示。可以看到，FIN 和 ACK 控制位为 1。

```
29 43.212000 192.168.1.1      192.168.1.10     TCP   nfs > http [FIN, ACK] Seq=159 Ack=308 Win=7885 L
30 43.228000 192.168.1.10     192.168.1.1      TCP   http > nfs [ACK] Seq=308 Ack=160 Win=8033 Len=0
31 43.228000 192.168.1.10     192.168.1.1      TCP   http > nfs [FIN, ACK] Seq=308 Ack=160 Win=8033 L
32 43.228000 192.168.1.1      192.168.1.10     TCP   nfs > http [ACK] Seq=160 Ack=309 Win=7884 Len=0
33 43.967000 HuaweiTe f1:42:47  Spanning tree (for ISTP   MST   Root   32768/0/4c:1f:cc:f1:42:47   Cost
```
```
⊞ Frame 29: 54 bytes on wire (432 bits), 54 bytes captured (432 bits)
⊞ Ethernet II, Src: HuaweiTe_51:0b:c1 (54:89:98:51:0b:c1), Dst: HuaweiTe_35:7b:87 (54:89:98:35:7b:87)
⊞ Internet Protocol, Src: 192.168.1.1 (192.168.1.1), Dst: 192.168.1.10 (192.168.1.10)
⊟ Transmission Control Protocol, Src Port: nfs (2049), Dst Port: http (80), Seq: 159, Ack: 308, Len: 0
    Source port: nfs (2049)
    Destination port: http (80)
    [Stream index: 0]
    Sequence number: 159    (relative sequence number)
    Acknowledgement number: 308    (relative ack number)
    Header length: 20 bytes
  ⊟ Flags: 0x11 (FIN, ACK)
      000. .... .... = Reserved: Not set
      ...0 .... .... = Nonce: Not set
      .... 0... .... = Congestion Window Reduced (CWR): Not set
      .... .0.. .... = ECN-Echo: Not set
      .... ..0. .... = Urgent: Not set
      .... ...1 .... = Acknowledgement: Set
      .... .... 0... = Push: Not set
      .... .... .0.. = Reset: Not set
      .... .... ..0. = Syn: Not set
      .... .... ...1 = Fin: Set
    Window size: 7885
  ⊞ Checksum: 0xccdc [validation disabled]
```

图 4.16　TCP 四次挥手(1)

(2) 第二次挥手如图 4.17 所示。可以看到，ACK 控制位为 1。

```
29 43.212000 192.168.1.1      192.168.1.10     TCP   nfs > http [FIN, ACK] Seq=159 Ack=308 Win=7885 L
30 43.228000 192.168.1.10     192.168.1.1      TCP   http > nfs [ACK] Seq=308 Ack=160 Win=8033 Len=0
31 43.228000 192.168.1.10     192.168.1.1      TCP   http > nfs [FIN, ACK] Seq=308 Ack=160 Win=8033 L
32 43.228000 192.168.1.1      192.168.1.10     TCP   nfs > http [ACK] Seq=160 Ack=309 Win=7884 Len=0
33 43.967000 HuaweiTe f1:42:47  Spanning tree (for ISTP   MST   Root   32768/0/4c:1f:cc:f1:42:47   Cost
```
```
⊞ Frame 30: 54 bytes on wire (432 bits), 54 bytes captured (432 bits)
⊞ Ethernet II, Src: HuaweiTe_35:7b:87 (54:89:98:35:7b:87), Dst: HuaweiTe_51:0b:c1 (54:89:98:51:0b:c1)
⊞ Internet Protocol, Src: 192.168.1.10 (192.168.1.10), Dst: 192.168.1.1 (192.168.1.1)
⊟ Transmission Control Protocol, Src Port: http (80), Dst Port: nfs (2049), Seq: 308, Ack: 160, Len: 0
    Source port: http (80)
    Destination port: nfs (2049)
    [Stream index: 0]
    Sequence number: 308    (relative sequence number)
    Acknowledgement number: 160    (relative ack number)
    Header length: 20 bytes
  ⊟ Flags: 0x10 (ACK)
      000. .... .... = Reserved: Not set
      ...0 .... .... = Nonce: Not set
      .... 0... .... = Congestion Window Reduced (CWR): Not set
      .... .0.. .... = ECN-Echo: Not set
      .... ..0. .... = Urgent: Not set
      .... ...1 .... = Acknowledgement: Set
      .... .... 0... = Push: Not set
      .... .... .0.. = Reset: Not set
      .... .... ..0. = Syn: Not set
      .... .... ...0 = Fin: Not set
    Window size: 8033
  ⊞ Checksum: 0xcc48 [validation disabled]
  ⊞ [SEQ/ACK analysis]
```

图 4.17　TCP 四次挥手(2)

(3) 第三次挥手如图 4.18 所示。可以看到，FIN 和 ACK 控制位为 1。

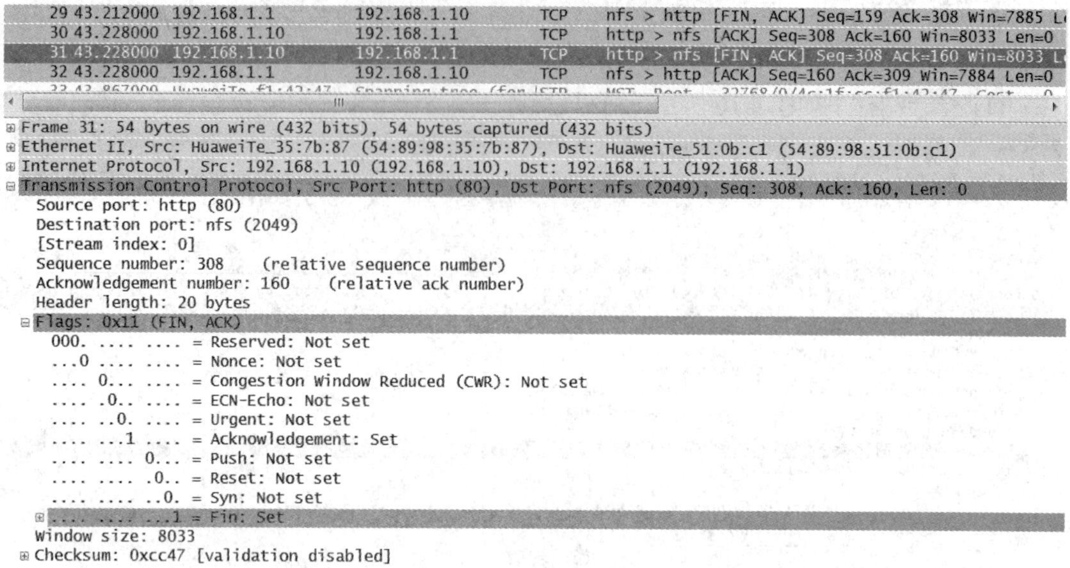

```
29 43.212000 192.168.1.1      192.168.1.10     TCP    nfs > http [FIN, ACK] Seq=159 Ack=308 Win=7885 L
30 43.228000 192.168.1.10     192.168.1.1      TCP    http > nfs [ACK] Seq=308 Ack=160 Win=8033 Len=0
31 43.228000 192.168.1.10     192.168.1.1      TCP    http > nfs [FIN, ACK] Seq=308 Ack=160 Win=8033 L
32 43.228000 192.168.1.1      192.168.1.10     TCP    nfs > http [ACK] Seq=160 Ack=309 Win=7884 L
33 43 867000 HuaweiTe f1:42:47 Spanning tree (for ISTP  MST Root 22769/0/4c:1f:cc:f1:42:47  Cost
```

⊞ Frame 31: 54 bytes on wire (432 bits), 54 bytes captured (432 bits)
⊞ Ethernet II, Src: HuaweiTe_35:7b:87 (54:89:98:35:7b:87), Dst: HuaweiTe_51:0b:c1 (54:89:98:51:0b:c1)
⊞ Internet Protocol, Src: 192.168.1.10 (192.168.1.10), Dst: 192.168.1.1 (192.168.1.1)
⊟ Transmission Control Protocol, Src Port: http (80), Dst Port: nfs (2049), Seq: 308, Ack: 160, Len: 0
   Source port: http (80)
   Destination port: nfs (2049)
   [Stream index: 0]
   Sequence number: 308   (relative sequence number)
   Acknowledgement number: 160   (relative ack number)
   Header length: 20 bytes
  ⊟ Flags: 0x11 (FIN, ACK)
    000. .... = Reserved: Not set
    ...0 .... = Nonce: Not set
    .... 0... .... = Congestion Window Reduced (CWR): Not set
    .... .0.. .... = ECN-Echo: Not set
    .... ..0. .... = Urgent: Not set
    ....1 .... = Acknowledgement: Set
    .... 0... = Push: Not set
    .... .0.. = Reset: Not set
    ....0. = Syn: Not set
   ⊞ ....1 = Fin: Set
   Window size: 8033
⊞ Checksum: 0xcc47 [validation disabled]

图 4.18　TCP 四次挥手(3)

(4) 第四次挥手如图 4.19 所示。可以看到，ACK 控制位为 1。

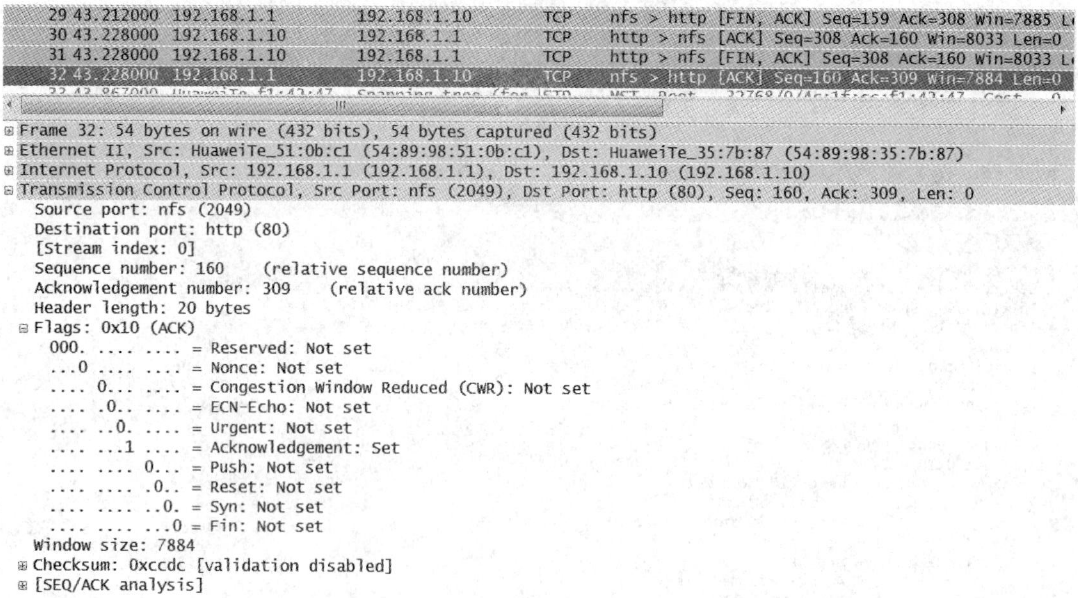

```
29 43.212000 192.168.1.1      192.168.1.10     TCP    nfs > http [FIN, ACK] Seq=159 Ack=308 Win=7885 L
30 43.228000 192.168.1.10     192.168.1.1      TCP    http > nfs [ACK] Seq=308 Ack=160 Win=8033 Len=0
31 43.228000 192.168.1.10     192.168.1.1      TCP    http > nfs [FIN, ACK] Seq=308 Ack=160 Win=8033 L
32 43.228000 192.168.1.1      192.168.1.10     TCP    nfs > http [ACK] Seq=160 Ack=309 Win=7884 Len=0
33 43 867000 HuaweiTe f1:42:47 Spanning tree (for ISTP  MST Root 22769/0/4c:1f:cc:f1:42:47  Cost
```

⊞ Frame 32: 54 bytes on wire (432 bits), 54 bytes captured (432 bits)
⊞ Ethernet II, Src: HuaweiTe_51:0b:c1 (54:89:98:51:0b:c1), Dst: HuaweiTe_35:7b:87 (54:89:98:35:7b:87)
⊞ Internet Protocol, Src: 192.168.1.1 (192.168.1.1), Dst: 192.168.1.10 (192.168.1.10)
⊟ Transmission Control Protocol, Src Port: nfs (2049), Dst Port: http (80), Seq: 160, Ack: 309, Len: 0
   Source port: nfs (2049)
   Destination port: http (80)
   [Stream index: 0]
   Sequence number: 160   (relative sequence number)
   Acknowledgement number: 309   (relative ack number)
   Header length: 20 bytes
  ⊟ Flags: 0x10 (ACK)
    000. .... = Reserved: Not set
    ...0 .... = Nonce: Not set
    .... 0... .... = Congestion Window Reduced (CWR): Not set
    .... .0.. .... = ECN-Echo: Not set
    .... ..0. .... = Urgent: Not set
    ....1 .... = Acknowledgement: Set
    .... 0... = Push: Not set
    .... .0.. = Reset: Not set
    ....0. = Syn: Not set
    ....0 = Fin: Not set
   Window size: 7884
⊞ Checksum: 0xccdc [validation disabled]
⊞ [SEQ/ACK analysis]

图 4.19　TCP 四次挥手(4)

5. TCP 的其他机制

TCP 是可靠的协议，它使用流量控制、差错控制、拥塞控制、计时器来保证其可靠性。

1) 流量控制

流量控制是由接收端控制发送端可以发送的数据量，它是通过滑动窗口来实现的，如图 4.20 所示。

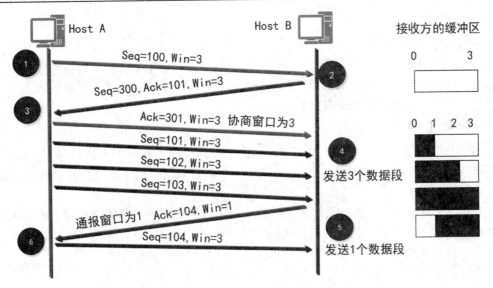

图 4.20　TCP 流量控制

在 TCP 建立连接的时候，主机之间就进行了窗口大小的协商。

(1) Host A 在发送连接建立请求时，向 Host B 通告了自己发送窗口的大小为 3(这里为了讲解方便，使用简单的数字来举例)。

(2) Host B 缓冲区的大小为 3，因此 Host B 向 Host A 发送确认时，宣告其窗口大小为 3。

(3) Host A 再次确认后，连接已经建立，开始发送数据。

(4) Host A 发送了 3 个数据段，Host B 接收到数据后，缓冲区由空变为满。

(5) Host B 向 Host A 确认收到的数据，并根据缓冲区空间的大小宣告其窗口调整为 1(应用程序读取了 1 个数据段)。

(6) Host A 根据 Host B 宣告的窗口大小发送 1 个数据段。

2) 差错控制

在数据传输过程中，如果报文段丢失或损坏，都需要差错控制机制来处理。TCP 差错控制包括以下几个方面：

(1) 检测并重传损坏的报文段。

(2) 重传丢失的报文段。

(3) 丢弃重复的报文段并重传该报文段的 ACK。

(4) 保证接收缓冲的报文段按序交给对应的应用程序。

TCP 差错控制的 3 种方式分别是校验和、确认、超时。

每个报文都包含了一个检验和字段，用来检查报文段是否损坏。

控制报文段不携带数据，但需要消耗一个序号，它也需要被确认。ACK 报文段不消耗序号，也不需要被确认。

差错控制机制的核心就是报文段的重传。在一个报文段在发送时，它会被保存到一个队列中，直至被确认为止。当重传计时器超时，或者发送方收到该队列中第一个报文段的三个重复的 ACK 时，该报文段需要被重传。

3) 拥塞控制

发送端所能发送的数据量不仅要受接收端的控制，而且要由网络的拥塞程度来决定，TCP 提供了拥塞控制机制。例如，当主机开始发送数据时，如果立即将大量数据发送到网络，就有可能因为不清楚当前网络的负荷情况而引起网络阻塞。所以，最好的方法是先探测一下，即由小到大逐渐增大发送窗口。

4) 计时器

大多数的 TCP 使用至少四种计时器，包括重传计时器、坚持计时器、保活计时器、时间等待计时器。

(1) 重传计时器是为了控制丢失的报文段。

如图 4.21 所示，在 TCP 发送报文段时，会创建此报文段的重传计时器。如果在截止时间(通常为 60 秒)之前，已经收到了此报文段的确认，则撤销该计时器。如果到了截止时间，但未收到此报文段的确认，则重传报文段，并且将该计时器复位。

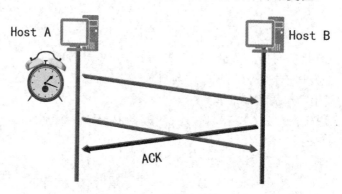

图 4.21　重传计时器

(2) 坚持计时器的目的是解决零窗口大小通知丢失可能导致的死锁问题。

如前所述，当接收端的窗口大小为 0 时，接收端向发送端发送一个零窗口的报文段，发送端立即停止发送数据。此后，如果接收端缓存区有空间就会重新给发送端发送一个窗口大小。接收端发送的这个确认报文段如果丢失，此时接收端并不知道其已经丢失，就一直处于等待数据的状态。只要发送端没有收到该确认报文段，就会一直等待对方发来新的窗口大小，这样一来，双方都处在等待对方的状态，就形成了一种死锁。

为了解决这种问题，TCP 为每一个连接都设置了坚持计时器。如果发送端 TCP 收到接收端发来的零窗口通知时，就会启动坚持计时器。如果计时器的期限到达时，发送端就会主动发送一个探测报文段告诉对方确认报文段已经丢失，必须重新发送。

(3) 保活计时器的目的是防止两个 TCP 连接后出现长时间的空闲。当客户端与服务器端建立 TCP 连接后，很长时间内客户端都没有向服务器端发送数据，此时很有可能是客户端出现故障，而服务器端会一直处于等待的状态。

每当服务器端收到客户端的数据时，就将保活计时器重新设置(通常设置为 2 小时)。超过 2 小时后，服务器端如果没有收到客户端的数据，就会发送探测报文段给该客户端，并且每隔 75 秒发送一个，当连续发送 10 次以后，该客户端仍没有响应，则服务器端认为该客户端出现故障，并终止连接。

(4) 时间等待计时器是在连接终止期间使用的。

如图 4.22 所示，TCP 关闭连接时，若 Host A 立即关闭，而 ACK 又丢失，Host B 会再发送 FIN，但 Host A 已经断开连接，不会再发送 ACK，这样 Host B 就无法关闭连接。

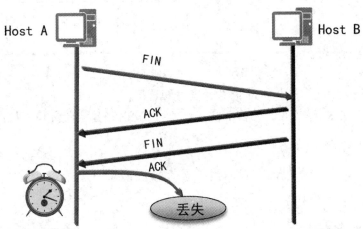

图 4.22　时间等待计时器

所以当 TCP 关闭连接时并不是立即关闭的，当 Host A 向 Host B 发送最后一次确认报文时，就设置一个时间等待计时器，保证 Host B 可以收到最后一个 ACK 确认报文。

6. TCP 的端口及其应用

TCP 在网络中的应用范围很广，主要用在对数据传输可靠性要求高的环境中，表 4-1 列出了一些常用的端口号及其功能。

表 4-1　TCP 端口及其功能

端口	协议	说　明
21	FTP	文件传输协议，用于文件上传和下载
22	SSH	安全命令行终端，适用于 Linux 服务器、防火墙等设备
23	TELNET	用于远程登录及控制
25	SMTP	简单邮件传输协议，用于发送邮件
80	HTTP	超文本传输协议，通过 HTTP 实现网络上超文本的传输

4.2.2　UDP 协议

UDP 是一个无连接、不保证可靠性的传输层协议。也就是说，发送端不关心发送的数据是否到达目标主机，接收端也不会告诉发送方是否收到了数据。尽管 UDP 的缺点明显，但是 UDP 的优点是首部结构简单，在数据传输时能实现最小的开销。例如，使用 QQ 聊天时就使用了 UDP 的方式。

1. UDP 首部的格式

UDP 首部的格式如图 4.23 所示。

0 ← → 15	16 ← → 31
16位源端口号	16位目标端口号
16位UDP长度	16位UDP校验和
数据	

图 4.23　UDP 首部的格式

图 4.23 中，UDP 长度指的是 UDP 的总长度，即首部加上数据。

下面通过抓包来查看 UDP 的首部格式。使用 eNSP 搭建实验环境，如图 4.24 所示。

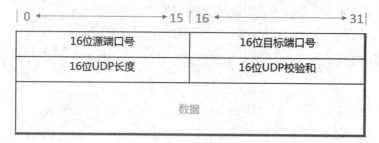

图 4.24　UDP 实验环境

(1) 在交换机 E 0/0/2 口开启抓包，使用 PC1 的 UDP 发包工具，如图 4.25 所示。

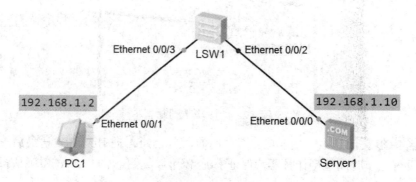

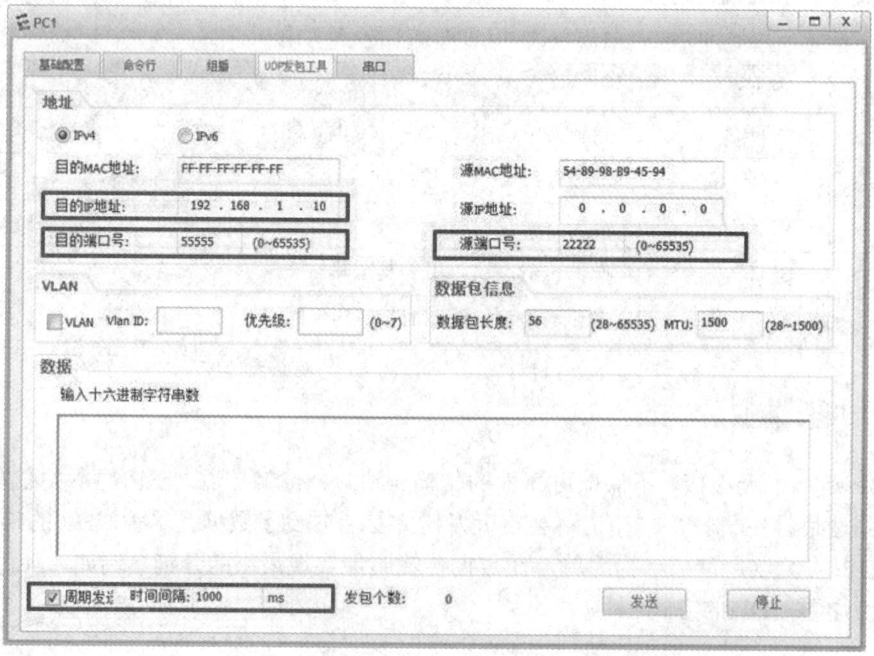

图 4.25　UDP 发包工具

(2) 抓到 UDP 包，如图 4.26 所示。

```
Standard input - Wireshark                                                    □ X
File  Edit  View  Go  Capture  Analyze  Statistics  Telephony  Tools  Help
▼ Expression... Clear Apply
Filter:
No.    Time        Source            Destination       Protocol Info
                   HuaweiTe_f1:42:47 Spanning-tree-(for-ISTP     MST. Root = 32768/0/4c:1f:cc:f1:42:47   Cost = 0
   6  5.195000    0.0.0.0           192.168.1.10      UDP      Source port: 22222  Destination port: 55555
   7  6.209000    0.0.0.0           192.168.1.10      UDP      Source port: 22222  Destination port: 55555
   8  6.708000    HuaweiTe_f1:42:47 Spanning-tree-(for-ISTP     MST. Root = 32768/0/4c:1f:cc:f1:42:47   Cost = 0
   9  7.191000    0.0.0.0           192.168.1.10      UDP      Source port: 22222  Destination port: 55555
  10  8.190000    0.0.0.0           192.168.1.10      UDP      Source port: 22222  Destination port: 55555
  11  8.907000    HuaweiTe_f1:42:47 Spanning-tree-(for-ISTP     MST. Root = 32768/0/4c:1f:cc:f1:42:47   Cost = 0

⊞ Frame 6: 70 bytes on wire (560 bits), 70 bytes captured (560 bits)
⊞ Ethernet II, Src: HuaweiTe_b9:45:94 (54:89:98:b9:45:94), Dst: Broadcast (ff:ff:ff:ff:ff:ff)
⊞ Internet Protocol, Src: 0.0.0.0 (0.0.0.0), Dst: 192.168.1.10 (192.168.1.10)
⊟ User Datagram Protocol, Src Port: 22222 (22222), Dst Port: 55555 (55555)
     Source port: 22222 (22222)
     Destination port: 55555 (55555)
     Length: 36
  ⊞ Checksum: 0xe6ec [validation disabled]
⊞ Data (28 bytes)

0000  ff ff ff ff ff ff 54 89  98 b9 45 94 08 00 45 00    ......T...E...E.
0010  00 38 84 89 40 00 80 11  b4 79 00 00 00 00 c0 a8    .8..@....y......
0020  0a 56 ce d9 00 00 00 24  e6 ec 08 00 0a 0b 0c 0d    .V.....$........
0030  0e 0f 10 11 12 13 14 15  16 17 18 19 1a 1b 1c 1d
○ Frame (frame), 70 bytes          Packets: 12 Displayed: 12 Marked: 0                 Profile: Default
```

图 4.26 UDP 抓包

2. UDP 的流控与差错控制

UDP 没有流控机制，UDP 只有校验和来提供差错控制。使用 UDP 协议如果要保证传输的可靠性，就需要上层协议来提供流控和差错控制。例如，TFTP 协议提供分块传输、分块确认机制，来保证数据传输的可靠性，如图 4.27 所示。

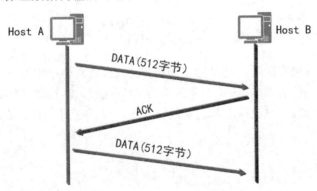

图 4.27 TFTP 协议示意图

3. UDP 的常见端口及功能

UDP 协议在实际工作中的应用范围也比较广泛，表 4-2 所示列出了 UDP 使用的常见端口及其功能。

表 4-2 UDP 端口及其功能

端 口	协 议	说 明
69	TFTP	简单文件传输协议
111	RPC	远程过程调用
123	NTP	网络时间协议

4.3　TCP 重点应用之 FTP 协议

上节介绍过 TCP 协议在网络中的应用范围很广，这里主要讲解 FTP 协议。

FTP(File Transfer Protocol，文件传输协议)属于应用层协议，是使用最为广泛的文件传输应用。

FTP 使用控制连接和数据连接，控制连接使用端口号 TCP 21，用于发送 FTP 命令信息，而数据连接使用端口号 TCP 20，用于上传、下载数据。

数据连接的建立类型分为主动模式和被动模式。

1. 主动模式

首先由客户端向服务端的 21 端口建立 FTP 控制连接，当需要传输数据时，服务器从 20 端口向客户端的随机端口 6666 发送请求并建立数据连接，如图 4.28 所示。

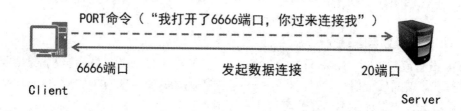

图 4.28　FTP 主动模式

2. 被动模式

如果客户机所在网络的防火墙禁止主动模式连接，通常会使用被动模式。如图 4.29 所示，首先由客户端向服务端的 21 端口建立 FTP 控制连接，当需要传输数据时，客户端向服务器的随机端口 2222 发送请求并建立数据连接。可以看到，被动模式下服务器一般并不使用 20 端口。

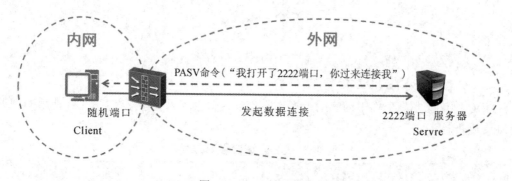

图 4.29　FTP 被动模式

3. 通过实验来分析 FTP 的原理

使用 eNSP 搭建实验环境，如图 4.30 所示。

(1) 在 Server1 搭建 FTP 服务，如图 4.31 所示。

(2) 在交换机 E0/0/2 口开启抓包,在 Client1 上访问 FTP 服务,如图 4.32 所示。

(3) 抓包看到 FTP 交互过程,刚开始是 TCP 三次握手,然后可以抓到用户名和密码,如图 4.33 所示。

(4) 抓包看到 FTP 被动模式端口号为 2049,如图 4.34 所示。

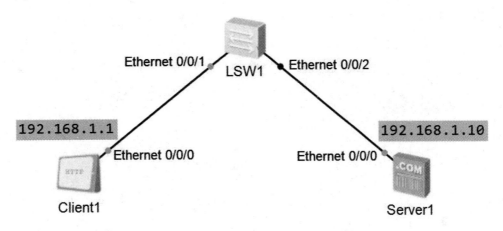

图 4.30　FTP 实验拓扑

图 4.31　FTP 实验(1)

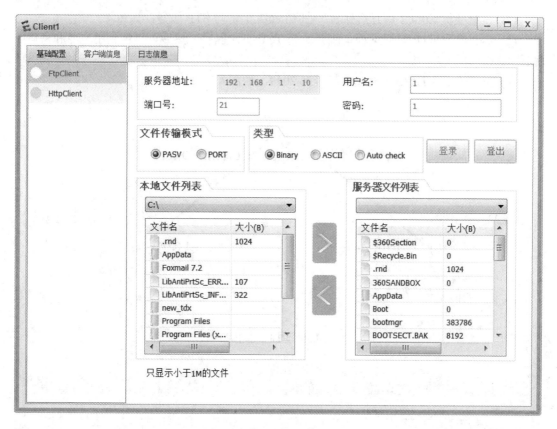

图 4.32　FTP 实验(2)

图 4.33　FTP 实验(3)

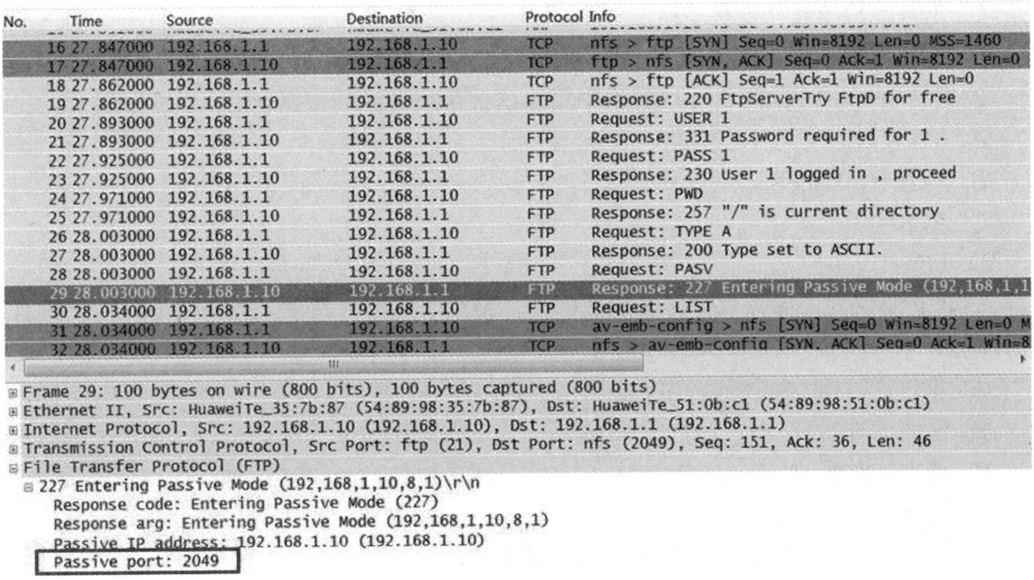

```
No.    Time       Source           Destination       Protocol Info
16 27.847000  192.168.1.1      192.168.1.10      TCP     nfs > ftp [SYN] Seq=0 Win=8192 Len=0 MSS=1460
17 27.847000  192.168.1.10     192.168.1.1       TCP     ftp > nfs [SYN, ACK] Seq=0 Ack=1 Win=8192 Len=0
18 27.862000  192.168.1.1      192.168.1.10      TCP     nfs > ftp [ACK] Seq=1 Ack=1 Win=8192 Len=0
19 27.862000  192.168.1.10     192.168.1.1       FTP     Response: 220 FtpServerTry FtpD for free
20 27.893000  192.168.1.1      192.168.1.10      FTP     Request: USER 1
21 27.893000  192.168.1.10     192.168.1.1       FTP     Response: 331 Password required for 1 .
22 27.925000  192.168.1.1      192.168.1.10      FTP     Request: PASS 1
23 27.925000  192.168.1.10     192.168.1.1       FTP     Response: 230 User 1 logged in , proceed
24 27.971000  192.168.1.1      192.168.1.10      FTP     Request: PWD
25 27.971000  192.168.1.10     192.168.1.1       FTP     Response: 257 "/" is current directory
26 28.003000  192.168.1.1      192.168.1.10      FTP     Request: TYPE A
27 28.003000  192.168.1.10     192.168.1.1       FTP     Response: 200 Type set to ASCII.
28 28.003000  192.168.1.1      192.168.1.10      FTP     Request: PASV
29 28.003000  192.168.1.10     192.168.1.10      FTP     Response: 227 Entering Passive Mode (192,168,1,1
30 28.034000  192.168.1.1      192.168.1.10      FTP     Request: LIST
31 28.034000  192.168.1.1      192.168.1.10      TCP     av-emb-config > nfs [SYN] Seq=0 Win=8192 Len=0 M
32 28.034000  192.168.1.10     192.168.1.1       TCP     nfs > av-emb-config [SYN, ACK] Seq=0 Ack=1 Win=8

⊞ Frame 29: 100 bytes on wire (800 bits), 100 bytes captured (800 bits)
⊞ Ethernet II, Src: HuaweiTe_35:7b:87 (54:89:98:35:7b:87), Dst: HuaweiTe_51:0b:c1 (54:89:98:51:0b:c1)
⊞ Internet Protocol, Src: 192.168.1.10 (192.168.1.10), Dst: 192.168.1.1 (192.168.1.1)
⊞ Transmission Control Protocol, Src Port: ftp (21), Dst Port: nfs (2049), Seq: 151, Ack: 36, Len: 46
⊟ File Transfer Protocol (FTP)
  ⊟ 227 Entering Passive Mode (192,168,1,10,8,1)\r\n
      Response code: Entering Passive Mode (227)
      Response arg: Entering Passive Mode (192,168,1,10,8,1)
      Passive IP address: 192.168.1.10 (192.168.1.10)
      Passive port: 2049
```

图 4.34　FTP 实验(4)

本 章 小 结

传输层负责将数据传送到相应的端口，交给某个用户进程去处理。

TCP/IP 协议族的传输层协议主要有两个：TCP(Transmission Control Protocol，传输控制协议)和 UDP(User Datagram Protocol，用户数据报协议)。

TCP 报文段首部长度为 20～60 字节，其首部格式中有六个重要的控制位，而 UDP 的首部格式要简单得多。

TCP 建立连接需要三次握手，而断开连接需要四次挥手。

TCP 是可靠的协议，它使用流量控制、差错控制、拥塞控制、计时器来保证其可靠性。

大多数的 TCP 使用至少四种计时器，包括重传计时器、坚持计时器、保活计时器、时间等待计时器。

UDP 是一个无连接、不保证可靠性的传输层协议，UDP 的优点是首部结构简单，在数据传输时能实现最小的开销。

FTP 使用控制连接和数据连接，控制连接使用端口号 TCP 21，用于发送 FTP 命令信息。数据连接用于上传、下载数据，数据连接的建立类型分为主动模式和被动模式，主动模式使用端口号 TCP 20，被动模式一般使用随机端口。

习　题

1. 在 TCP 封装格式中，SYN 与 FIN 的含义是 (　　)。

A. 建立连接与断开连接

B. 断开连接与建立连接

C. 重置连接与建立连接

D. 断开连接与重置连接

2. 以下 (　　) 是 TCP 三次握手中第二次握手所发送的数据包。

A. SYN=1

B. SYN=1,ACK=1

C. ACK=1

D. FIN=1

3. TCP 协议为了保障数据传输的正确性，使用了三个计时器，以下 (　　) 不是 TCP 的计时器。

A. 重传计时器

B. 保活计时器

C. 请求计时器

D. 时间等待计时器

4. 以下 (　　) 不是 UDP 报头中包含的字段。

A. 源端口

B. 目标端口

C. UDP 长度

D. 总长度

5. 在常见的应用层协议中，以下 (　　) 不使用 TCP。

A. FTP

B. Telnet

C. SMTP

D. TFTP

扫码看答案

第 5 章

虚拟局域网

本章目标

- 掌握 VLAN 原理与其配置过程；
- 掌握 Trunk 原理与其配置过程；
- 理解 Hybrid 接口的工作原理及其配置过程。

问题导向

- 为什么要使用 VLAN 技术？
- Access 端口如何添加或删除 VLAN 标签？
- Trunk 链路的作用是什么？

5.1　VLAN 原理与配置

5.1.1　VLAN 原理

1. VLAN 概述

VLAN(Virtual Local Area Network，虚拟局域网)将网络从逻辑上划分为若干个小的虚拟网络。一个 VLAN 就是一个交换网络。

为什么要使用 VLAN 呢？在交换网络中，交换机分割了冲突域,但是不能分割广播域，随着交换机端口数量的增多，网络中的广播也在增多，降低了网络的效率。为了分割广播域，使网络更有效率，且考虑到网络设计的灵活性，引入了 VLAN 技术，如图 5.1 所示。

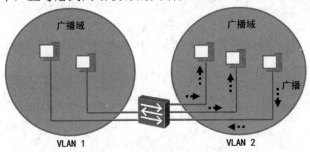

图 5.1　VLAN 分割广播域

通常是基于端口划分 VLAN，在交换机上创建了 VLAN 10 和 VLAN 20，将端口 1 和 6 划分到 VLAN 10，将端口 2 和 7 划分到 VLAN 20，如图 5.2 所示。

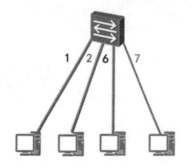

端口	所属VLAN
Port 1	VLAN 10
Port 2	VLAN 20
⋮	⋮
Port 6	VLAN 10
Port 7	VLAN 20
⋮	⋮

图 5.2　VLAN 的划分

2. VLAN 标识

VLAN 标识有私有方法，也有公有方法，厂商都支持 IEEE802.1Q 这种公有的标记方法。IEEE802.1Q 使用了一种内部标记机制，中继设备将标记插入数据帧内，并重新计算 FCS。如图 5.3 所示，采用 IEEE 802.1Q 的帧标识在标准以太网帧内插入了 4 字节。这个 4 字节的标识包含了 12 位 VLAN 标识符(VLAN ID)和其他信息，VLAN ID 可以唯一地标识 4096 个 VLAN。

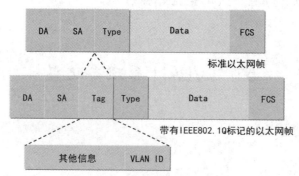

图 5.3　IEEE 802.1Q 的标记方法

3. PVID

PVID(Port-base VLAN ID，虚拟局域网 ID 号)是基于端口的 VLAN ID，一个端口可以属于多个 VLAN，但是只能有一个 PVID，如图 5.4 所示。在默认情况下，交换机所有端口的 PVID 都是 1。

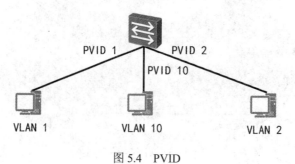

图 5.4　PVID

4. Access 端口

Access 端口通常是交换机上用来连接主机的一种端口，如图 5.5 所示，Access 端口在接收到数据帧后会添加 VLAN Tag，VLAN ID 和端口的 PVID 相同，然后当 Access 端口发送数据帧时会删除 VLAN Tag。

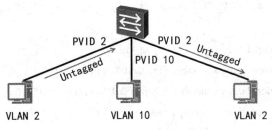

图 5.5　Access 端口

5.1.2　VLAN 配置的步骤、命令及案例

微课视频 009

1. 配置步骤

在交换机上配置基于端口的 VLAN 时，步骤如下：

(1) 创建 VLAN。

(2) 将交换机的端口加入相应的 VLAN 中。

(3) 验证 VLAN 的配置。

2. 配置命令

下面介绍具体的配置命令。

1) 创建 VLAN

创建 VLAN 有两种方法。

(1) 创建单个 VLAN。

例如，创建 VLAN 10 的命令如下：

    [Huawei]vlan 10
    [Huawei-vlan10]description VLAN-NAME   //(可选)VLAN 描述

(2) 批量创建 VLAN。

例如，创建 VLAN 10、15、20 的命令如下：

    [Huawei]vlan batch 10 15 20

创建 VLAN 30～35 的命令如下：

    [Huawei]vlan batch 30 to 35

删除 VLAN 的命令如下：

    [Huawei]undo vlan 10   //删除 VLAN 10
    [Huawei]undo vlan batch 10 15//删除 VLAN 10、VLAN 15
    [Huawei]undo vlan batch 30 to 35//删除 VLAN 30～35

2) 将交换机的端口加入相应的 VLAN 中

例如，将 Ethernet0/0/1 加入 VLAN 20 中的命令如下：

```
[Huawei]interface Ethernet0/0/1
[Huawei-Ethernet0/0/1]port link-type access //修改为 Access 模式
[Huawei-Ethernet0/0/1]port default vlan 20
```

如果需要批量加端口，例如将 Ethernet0/0/1、Ethernet0/0/2、Ethernet0/0/5～Ethernet 0/0/10 加入 VLAN 20 中，则先将这些端口加入端口组，然后将端口组加入 VLAN 20，命令如下：

```
[Huawei]port-group 1
[Huawei-port-group-1]group-member Ethernet 0/0/1 Ethernet 0/0/2
[Huawei-port-group-1]group-member Ethernet 0/0/5 to Ethernet 0/0/10
[Huawei-port-group-1]port link-type access
[Huawei-port-group-1]port default vlan 20
```

3) 验证 VLAN 的配置

运行 display vlan 命令可查看 VLAN 配置信息。

3. 配置案例

接下来通过一个配置案例来介绍 VLAN 的配置过程。

如图 5.6 所示，配置 VLAN 的要求如下：

(1) 创建 VLAN 10、VLAN 20、VLAN 30。

(2) 将图中所示的端口加入 VLAN。

(3) 查看 VLAN 信息。

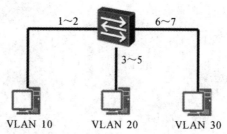

图 5.6　配置 VLAN 的过程

配置步骤及命令如下：

(1) 创建 VLAN 10、20、30：

```
<Huawei>system-view
[Huawei]vlan batch 10 20 30
```

(2) 将端口加入 VLAN：

```
[Huawei]interface Ethernet0/0/1
[Huawei-Ethernet0/0/1]port link-type access
[Huawei-Ethernet0/0/1]port default vlan 10
[Huawei]interface Ethernet0/0/2
[Huawei-Ethernet0/0/2]port link-type access
[Huawei-Ethernet0/0/2]port default vlan 10
```

[Huawei]port-group 1

[Huawei-port-group-1]group-member Ethernet 0/0/3 to Ethernet 0/0/5

[Huawei-port-group-1]port link-type access

[Huawei-port-group-1]port default vlan 20

[Huawei]interface Ethernet0/0/6

[Huawei-Ethernet0/0/6]port link-type access

[Huawei-Ethernet0/0/6]port default vlan 30

[Huawei]interface Ethernet0/0/7

[Huawei-Ethernet0/0/7]port link-type access

[Huawei-Ethernet0/0/7]port default vlan 30

(3) 查看 VLAN 信息：

[Huawei]dis vlan

The total number of vlansis : 4

U: Up;　　　　D: Down;　　　　TG: Tagged;　　　　UT: Untagged;

MP: Vlan-mapping;　　　　　　ST: Vlan-stacking;

#: ProtocolTransparent-vlan;　　*: Management-vlan;

VID　Type　　Ports

1　　common　UT:Eth0/0/8(D)　　Eth0/0/9(D)　　Eth0/0/10(D)　　Eth0/0/11(D)

　　　　　　　　Eth0/0/12(D)　　Eth0/0/13(D)　　Eth0/0/14(D)　　Eth0/0/15(D)

　　　　　　　　Eth0/0/16(D)　　Eth0/0/17(D)　　Eth0/0/18(D)　　Eth0/0/19(D)

　　　　　　　　Eth0/0/20(D)　　Eth0/0/21(D)　　Eth0/0/22(D)　　GE0/0/1(D)

　　　　　　　　GE0/0/2(D)

10　　common　UT:Eth0/0/1(D)　　Eth0/0/2(D)

20　　common　UT:Eth0/0/3(D)　　Eth0/0/4(D)　　Eth0/0/5(D)

30　　common　UT:Eth0/0/6(D)　　Eth0/0/7(D)

VID　Status　Property　　　MAC-LRN Statistics Description

1	enable	default	enable	disable	VLAN 0001
10	enable	default	enable	disable	VLAN 0010
20	enable	default	enable	disable	VLAN 0020
30	enable	default	enable	disable	VLAN 0030

5.2 Trunk 的技术原理与配置

5.2.1 Trunk 的技术原理

划分了 VLAN 之后，位于不同交换机上的相同 VLAN 的主机之间是如何通信的呢？

在两台交换机上都有 VLAN 1、VLAN 2 和 VLAN 3，如果交换机之间相连的端口是 Access 端口，那么就不能同时实现所有 VLAN 之间跨交换机通信，如图 5.7 所示。

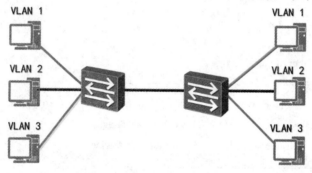

图 5.7　Trunk 的技术原理(1)

这就引出了 Trunk(干道、中继)，我们可以在 Trunk 链路上传输带有 VLAN 标识的数据帧，以区分不同的 VLAN，如图 5.8 所示。

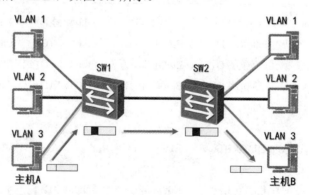

图 5.8　Trunk 的技术原理(2)

Trunk 链路可以承载多个 VLAN，从而实现了同一个 VLAN 跨交换机通信。在跨交换机通信的过程中，数据帧的变化如下：

(1) 当 VLAN 3 中的主机 A 发送数据帧给主机 B 时，主机 A 发送的数据帧是普通的数据帧。

(2) 交换机 SW1 接收到数据帧，在数据帧中打上 VLAN 3 的标识，然后发送给 SW2。

(3) SW2 接收到带有 VLAN 3 标识的数据帧后，先删除 VLAN 3 标识，将其还原为普通的数据帧，然后将其转发给主机 B。

5.2.2 Trunk 的配置

微课视频 010

1. 配置步骤

在交换机上配置 Trunk 时，步骤如下：

(1) 修改端口链路类型。

(2) 添加允许的 VLAN。

2. 配置命令

相应的配置命令如下：

> [Huawei]interface Ethernet0/0/1
>
> [Huawei-Ethernet0/0/1]port link-type trunk　　　//修改端口链路类型为 Trunk
>
> [Huawei-Ethernet0/0/1]port trunk allow-pass vlan 2 //允许 VLAN 2 通过

3. 配置案例

在 SW1 和 SW2 上划分 VLAN，配置 Trunk，实现相同 VLAN 的主机能够互相通信，如图 5.9 所示。

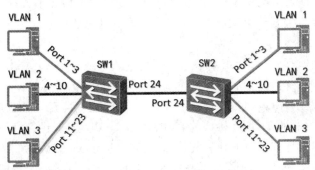

图 5.9　配置 Trunk 的案例拓扑图

以交换机 SW1 为例，配置步骤及命令如下：

(1) 创建 VLAN 10、20、30：

> [sw1]vlan batch 2 3

(2) 将端口加入 VLAN：

> [sw1]port-group 1
>
> [sw1-port-group-1]group-member Ethernet 0/0/1 to Ethernet 0/0/3
>
> [sw1-port-group-1]port link-type access
>
>
> [sw1]port-group 2
>
> [sw1-port-group-2]group-member Ethernet 0/0/4 to Ethernet 0/0/10
>
> [sw1-port-group-2]port link-type access
>
> [sw1-port-group-2]port default vlan 2
>
> [sw1]port-group 3

　　　　[sw1-port-group-3]group-member Ethernet 0/0/11 to Ethernet 0/0/23

　　　　[sw1-port-group-3]port link-type access

　　　　[sw1-port-group-3]port default vlan 3

　(3) 配置 Trunk：

　　　　[sw1]interface Ethernet0/0/24

　　　　[sw1-Ethernet0/0/24]port link-type trunk

　　　　[sw1-Ethernet0/0/24]port trunk allow-pass vlan 2 3

交换机 SW2 的配置与 SW1 类似。

(4) 验证配置。

配置完成后，使用 ping 命令测试相同 VLAN 之间主机的连通性。

5.3　Hybrid 接口的工作原理与配置

1. Hybrid 接口的工作原理

　　按照 VLAN 接口的封装类型，华为交换机的接口主要有三种模式：Access、Trunk 和 Hybrid。Hybrid 接口是华为设备的一种特殊二层接口模式，可以对数据帧打 VLAN 标签或不打 VLAN 标签。默认情况下，华为交换机接口工作在 Hybrid 模式。

　　每个 Hybrid 接口都有一个默认的 untag 列表，可以包含一个或多个 VLAN，默认值为 VLAN 1。

　　每个 Hybrid 接口都有一个 tag 列表，可以包含一个或多个 VLAN，默认值为空。

　　当 Hybrid 接口收到数据帧后，首先检查该数据帧是否携带标签。如果携带标签，则检查本接口的 tag 列表，若 tag 列表中存在数据帧封装的 VLAN ID，则接收，否则丢弃；如果不携带标签，那么根据 Hybrid 接口的 PVID(默认是 VLAN 1)进行标记。

　　当 Hybrid 接口发送数据帧时，首先检查本接口的 untag 和 tag 列表。若数据帧封装的 VLAN ID 存在 untag 列表中，则去掉 IEEE802.1Q 封装只发送原始数据帧；若存在于 tag 列表中，则保留 IEEE802.1Q 封装并只发送带标签的数据帧；若两个列表中都没有数据帧的 VLAN ID，则不发送该数据帧。

　　Hybrid 接口模式能够实现灵活的配置，但同时也增加了配置的复杂度。

2. Hybrid 配置实现 Access 端口的效果

　　在交换机上创建 VLAN 10，配置端口实现了 Access 端口的效果，如图 5.10 所示。

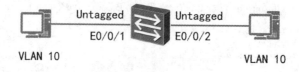

图 5.10　Hybrid 配置

其配置命令如下：

　　　　[Huawei]vlan10

　　　　[Huawei]interface Ethernet0/0/1

[Huawei-Ethernet0/0/1]port link-type hybrid

[Huawei-Ethernet0/0/1]port hybrid pvidvlan 10

[Huawei-Ethernet0/0/1]port hybrid untagged vlan 10

[Huawei]interface Ethernet0/0/2

[Huawei-Ethernet0/0/2]port link-type hybrid

[Huawei-Ethernet0/0/2]port hybrid pvidvlan 10

[Huawei-Ethernet0/0/2]port hybrid untagged vlan 10

我们可以分析一下数据帧的发送与接收。

当 E0/0/1 接口收到数据帧后，首先检查该数据帧，因为没有携带标签，所以根据接口的 PVID(VLAN 10)进行标记。

当 E0/0/2 接口发送数据帧时，首先检查本接口的 untag 和 tag 列表。因为 VLAN 10 存在 untag 列表中，所以去掉 IEEE802.1Q 封装只发送原始数据帧。

这样就实现了 Access 端口的效果。

3. 综合配置案例

在交换机上配置 Hybrid 接口，实现不同 VLAN 间的 PC1 与 PC2 不可互访，而 PC1 与 PC2 均可访问 Server，如图 5.11 所示。

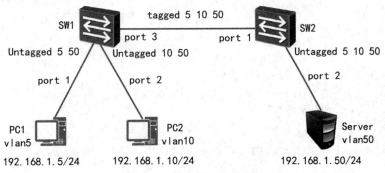

图 5.11　Hybrid 配置案例

配置步骤及命令如下：

(1) 配置交换机 SW1：

[SW1]vlan batch 5 10 50

[SW1]interface Ethernet0/0/1

[SW1-Ethernet0/0/1]port hybrid untagged vlan 5 50

[SW1-Ethernet0/0/1]port hybrid pvid vlan 5

[SW1]interface Ethernet0/0/2

[SW1-Ethernet0/0/2]port hybrid untagged vlan 10 50

[SW1-Ethernet0/0/2]port hybrid pvidvlan 10

[SW1]interface Ethernet0/0/3

[SW1-Ethernet0/0/3]port hybrid tagged vlan 5 10 50

[SW1]dis vlan

The total number of vlansis : 4

```
-------------------------------------------------------------------
U: Up;             D: Down;          TG: Tagged;          UT: Untagged;
MP: Vlan-mapping;                    ST: Vlan-stacking;
#: ProtocolTransparent-vlan;         *: Management-vlan;
-------------------------------------------------------------------


VID   Type     Ports
--------------------------------------------------------------------------------
1     common   UT:Eth0/0/1(U)        Eth0/0/2(U)        Eth0/0/3(U)        Eth0/0/4(D)
               Eth0/0/5(D)           Eth0/0/6(D)        Eth0/0/7(D)        Eth0/0/8(D)
               Eth0/0/9(D)           Eth0/0/10(D)       Eth0/0/11(D)       Eth0/0/12(D)
               Eth0/0/13(D)          Eth0/0/14(D)       Eth0/0/15(D)       Eth0/0/16(D)
               Eth0/0/17(D)          Eth0/0/18(D)       Eth0/0/19(D)       Eth0/0/20(D)
               Eth0/0/21(D)          Eth0/0/22(D)       GE0/0/1(D)         GE0/0/2(D)


5     common   UT:Eth0/0/1(U)

               TG:Eth0/0/3(U)


10    common   UT:Eth0/0/2(U)

               TG:Eth0/0/3(U)


50    common   UT:Eth0/0/1(U)        Eth0/0/2(U)

               TG:Eth0/0/3(U)



VID   Status   Property       MAC-LRN Statistics Description
----------------------------------------------------------------------------------------

1     enable   default        enable   disable     VLAN 0001
5     enable   default        enable   disable     VLAN 0005
10    enable   default        enable   disable     VLAN 0010
50    enable   default        enable   disable     VLAN 0050
```

(2) 配置交换机 SW2：

```
[SW2]vlan batch 5 10 50
[SW2]interface Ethernet0/0/1
[SW2-Ethernet0/0/1]port hybrid tagged vlan 5 10 50
```

[SW2]interface Ethernet0/0/2

[SW2-Ethernet0/0/2]port hybrid untagged vlan 5 10 50

[SW2-Ethernet0/0/2]port hybrid pvid vlan 50

[SW2]dis vlan

The total number of vlansis : 4

U: Up;   D: Down;   TG: Tagged;   UT: Untagged;

MP: Vlan-mapping;   ST: Vlan-stacking;

#: ProtocolTransparent-vlan;   *: Management-vlan;

VID	Type	Ports			
1	common	UT:Eth0/0/1(U)	Eth0/0/2(U)	Eth0/0/3(D)	Eth0/0/4(D)
		Eth0/0/5(D)	Eth0/0/6(D)	Eth0/0/7(D)	Eth0/0/8(D)
		Eth0/0/9(D)	Eth0/0/10(D)	Eth0/0/11(D)	Eth0/0/12(D)
		Eth0/0/13(D)	Eth0/0/14(D)	Eth0/0/15(D)	Eth0/0/16(D)
		Eth0/0/17(D)	Eth0/0/18(D)	Eth0/0/19(D)	Eth0/0/20(D)
		Eth0/0/21(D)	Eth0/0/22(D)	GE0/0/1(D)	GE0/0/2(D)
5	common	UT:Eth0/0/2(U)			
		TG:Eth0/0/1(U)			
10	common	UT:Eth0/0/2(U)			
		TG:Eth0/0/1(U)			
50	common	UT:Eth0/0/2(U)			
		TG:Eth0/0/1(U)			

VID	Status	Property	MAC-LRN	Statistics	Description
1	enable	default	enable	disable	VLAN 0001
5	enable	default	enable	disable	VLAN 0005

| 10 | enable | default | enable | disable | VLAN 0010 |
| 50 | enable | default | enable | disable | VLAN 0050 |

(3) 测试。

PC1 不能 ping 通 PC2，但 PC1 与 PC2 均可 ping 通 Server。

本 章 小 结

VLAN(Virtual Local Area Network，虚拟局域网)是将网络从逻辑上划分为若干个小的虚拟网络，一个 VLAN 就是一个交换网络。

采用 IEEE802.1Q 的帧标识在标准以太网帧内插入四字节。这个四字节的标识包含 12 位 VLAN 标识符(VLAN ID)和其他信息，VLAN ID 可以唯一地标识 4096 个 VLAN。

华为交换机的接口主要有三种模式：Access、Trunk 和 Hybrid。默认情况下，华为交换机接口工作在 Hybrid 模式。

Access 端口在接收到数据帧后会添加 VLAN Tag，当发送数据帧时会删除 VLAN Tag。

Trunk 链路可以承载多个 VLAN，从而实现了同一个 VLAN 能够跨交换机通信。

Hybrid 接口模式能够实现灵活的配置，但同时也增加了配置的复杂度。

习 题

1. 在华为命令配置中，能同时创建 vlan2-100 的命令是 (　　)。

A. vlan 2-100

B. vlan 2 to 100

C. vlan batch 2 to 100

D. vlan batch 2 100

2. 在企业网络中，对华为交换机的使用描述正确的是 (　　)。

A. 交换机之间的端口使用模式为 Access

B. Access 端口一般用于连接终端设备，只能属于一个 VLAN

C. Access 端口不能用来连接路由器

D. Access 端口仅仅是交换机端口的默认模式，平时工作中不会使用

3. 华为交换机上配置端口为 Access 模式，能实现该功能的是 (　　)。

A. Port-link type access

B. Switchport mode access

C. Port link-type mode access

D. Port link-type access

4. 关于 VLANIF，以下描述错误的是 (　　)。

A. VLANIF 是一个 2 层接口，不可以配置 IP 地址

B. VLANIF 是一个 3 层接口，可以配置 IP 地址

C. VLANIF 接口是逻辑接口，但接口状态不是永远表现为 up/up

D. VLANIF 接口的 IP 地址是该 VLAN 中主机的网关 IP 地址

5. 在华为命令配置中，将接口配置为 trunk 并允许所有 vlan 通过的命令是 (　　　)。

A. int g0/0/10

  port link-type trunk

  port trunk allow-pass vlan all

B. int g0/0/2

  port link-type hybrid

  port trunk allow-pass vlan all

C. int g0/0/1

  port link-type trunk

D. int g0/0/20

  port link-type trunk

  port hybrid tag vlan all

扫码看答案

第 6 章

静态路由

▶ 本章目标

- 理解路由的原理、路由表的形成；
- 掌握静态路由的原理及配置；
- 掌握默认路由的原理及配置；
- 理解路由器转发数据包的过程；
- 学会路由的故障排查，理解路由环路。

▶ 问题导向

- 路由表是如何形成的？
- 静态路由与默认路由的区别是什么？
- 什么是路由环路？

6.1　路　由　原　理

6.1.1　路由与路由器

1. 路由原理概述

在现实的网络中，主机之间的通信往往需要跨越多个网段，如图 6.1 所示，中间路由器连接多个网段，从而形成了多条路径，那么数据包的传输就有多条路径可供选择。在这些路径中总有一条路径是最优的。如何选择最优路径，从而高效地进行数据转发，这就是路由技术。

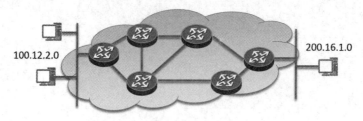

图 6.1　路由原理

那么路由器如何工作呢？如图 6.2 所示，每台路由器都维护着一张路由表，这是转发数据包的关键。每条路由记录都指明了到达某个子网或主机应从路由器的哪个端口发送，通过此端口可到达该路径的下一个路由器的地址(或直接与网络中的目标主机地址连接)。

```
[ar1] display ip routing-table
...
Destination/Mask     Proto  Pre Cost Flags  NextHop        Interface
  127.0.0.0/8        Direct  0    0    D    127.0.0.1      InLoopBack0
  192.168.1.0/24     Direct  0    0    D    192.168.1.254  GigabitEthernet 0/0/1
  192.168.1.254/32   Direct  0    0    D    127.0.0.1      GigabitEthernet 0/0/1
```

图 6.2 路由表

2. 路由表的形成

路由表是在路由器中维护的路由条目的集合。路由表是怎么形成的呢？如图 6.3 所示，我们分析直连网段和非直连网段两种情况。

路由表	
网段	接口
192.168.1.0/24	G0/0/1
192.168.2.0/24	G0/0/2

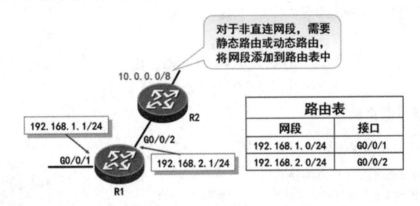

图 6.3 路由表的形成

1) 直连网段

当在路由器上配置了接口的 IP 地址，并且接口状态为 up 时，路由表中就会出现直连路由项，如图 6.3 中的 192.168.1.0/24 和 192.168.2.0/24 这两个网段。

2) 非直连网段

对于 10.0.0.0/8 这样不直接连在路由器 R1 上的网段，就需要使用静态路由或动态路由来将这些网段添加到路由表中。

6.1.2 路由分类

依据来源不同，路由可以分为以下三类：

(1) 通过链路层协议发现的路由称为直连路由。

(2) 通过网络管理员手动配置的路由称为静态路由。

(3) 通过动态路由协议发现的路由称为动态路由。

本节主要介绍静态路由。静态路由是由管理员在路由器中手动配置的路由。如图 6.4 所示，可以在路由器 R1 上添加静态路由指向网段 172.16.1.0。

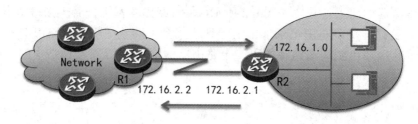

图 6.4 静态路由

需要注意的是，静态路由是单向的，通信双方的路由器都需要配置路由，否则会导致数据包有去无回。

有一种特殊的静态路由称为默认路由，目标网络为 0.0.0.0/0.0.0.0，表示匹配任何目标地址。只有从路由表中找不到任何明确匹配的路由条目时，才会使用默认路由。

默认路由在某些时候非常有效，当一个网络只有一条唯一的路径能够到达其他网络(如图 6.4 中的右侧网络所示)时，就可以在路由器 R2 上配置一条默认路由。默认路由可以简化路由器的配置，减轻管理员的工作负担。

6.2 路由配置

6.2.1 静态路由配置

1. 静态路由配置命令

静态路由配置命令的基本格式如下：

    [Huawei]ip route-static 目标网络 子网掩码 下一跳

其中，下一跳可以是下一跳路由器的接口 IP 地址，也可以是到达目的网络的本地接口。

微课视频 011

如图 6.5 所示，在路由器 R1 上配置静态路由的命令如下：

    [R1]ip route-static 172.16.1.0 255.255.255.0 172.16.2.1

下一跳采用本地接口的配置命令如下：

    [R1]ip route-static 172.16.1.0 255.255.255.0 Serial 1/0/0

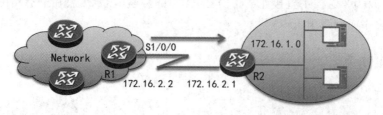

图 6.5 配置静态路由

2. 静态路由配置案例

如图 6.6 所示，要求配置接口 IP 地址并通过静态路由实现全网互通。

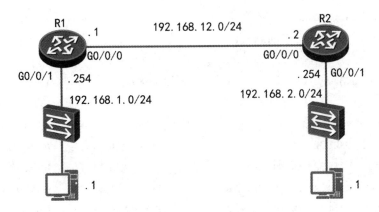

图 6.6 静态路由配置案例

配置的步骤及命令如下:

(1) 配置 R1 的接口地址:

    <Huawei>system-view

    [Huawei]sysname R1

    [R1]interface GigabitEthernet 0/0/0

    [R1-GigabitEthernet0/0/0]ip address 192.168.12.1   255.255.255.0

    [R1]interface GigabitEthernet 0/0/1

    [R1-GigabitEthernet0/0/1]ip address 192.168.1.254   255.255.255.0

(2) 配置 R2 的接口地址:

    <Huawei>system-view

    [Huawei]sysname R2

    [R2]interface GigabitEthernet 0/0/0

    [R2-GigabitEthernet0/0/0]ip address 192.168.12.2   255.255.255.0

    [R2]interface GigabitEthernet 0/0/1

    [R2-GigabitEthernet0/0/1]ip address 192.168.2.254   255.255.255.0

(3) 配置静态路由:

    [R1]ip route-static 192.168.2.0 255.255.255.0 192.168.12.2

    [R2]ip route-static 192.168.1.0 255.255.255.0 192.168.12.1

配置完成后查看路由表如下:

    [R1]dis ip ro

    Route Flags: R - relay, D - download to fib

Routing Tables: Public

Destinations : 11　　　　　　Routes : 11

Destination/Mask	Proto	Pre	Cost	Flags	NextHop	Interface
127.0.0.0/8	Direct	0	0	D	127.0.0.1	InLoopBack0
127.0.0.1/32	Direct	0	0	D	127.0.0.1	InLoopBack0
127.255.255.255/32	Direct	0	0	D	127.0.0.1	InLoopBack0
192.168.1.0/24	Direct	0	0	D	192.168.1.254	GigabitEthernet0/0/1
192.168.1.254/32	Direct	0	0	D	127.0.0.1	GigabitEthernet0/0/1
192.168.1.255/32	Direct	0	0	D	127.0.0.1	GigabitEthernet0/0/1
192.168.2.0/24	Static	60	0	RD	192.168.12.2	GigabitEthernet0/0/0
192.168.12.0/24	Direct	0	0	D	192.168.12.1	GigabitEthernet0/0/0
192.168.12.1/32	Direct	0	0	D	127.0.0.1	GigabitEthernet0/0/0
192.168.12.255/32	Direct	0	0	D	127.0.0.1	GigabitEthernet0/0/0
255.255.255.255/32	Direct	0	0	D	127.0.0.1	InLoopBack0

[R2]dis ip ro

Route Flags: R - relay, D - download to fib

Routing Tables: Public

Destinations : 11　　　　　　Routes : 11

Destination/Mask	Proto	Pre	Cost	Flags	NextHop	Interface
127.0.0.0/8	Direct	0	0	D	127.0.0.1	InLoopBack0
127.0.0.1/32	Direct	0	0	D	127.0.0.1	InLoopBack0
127.255.255.255/32	Direct	0	0	D	127.0.0.1	InLoopBack0
192.168.1.0/24	Static	60	0	RD	192.168.12.1	GigabitEthernet0/0/0
192.168.2.0/24	Direct	0	0	D	192.168.2.254	GigabitEthernet0/0/1
192.168.2.254/32	Direct	0	0	D	127.0.0.1	GigabitEthernet0/0/1
192.168.2.255/32	Direct	0	0	D	127.0.0.1	GigabitEthernet0/0/1
192.168.12.0/24	Direct	0	0	D	192.168.12.2	GigabitEthernet0/0/0
192.168.12.2/32	Direct	0	0	D	127.0.0.1	GigabitEthernet0/0/0
192.168.12.255/32	Direct	0	0	D	127.0.0.1	GigabitEthernet0/0/0
255.255.255.255/32	Direct	0	0	D	127.0.0.1	InLoopBack0

(4) 测试。

两台主机可以互相 ping 通。

3. 路由器转发数据包的过程

(1) 主机 1.1 要发送数据到 2.1，因为 IP 地址不在同一网段，所以主机会将数据包发送给网关路由器 R1，如图 6.7 所示。

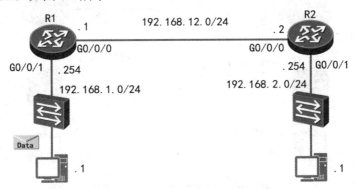

图 6.7　路由器转发数据包的过程(1)

(2) 路由器 R1 收到数据，查看数据包中的目标地址为 2.1，查找路由表，根据路由表转发数据到 G0 口，如图 6.8 所示。

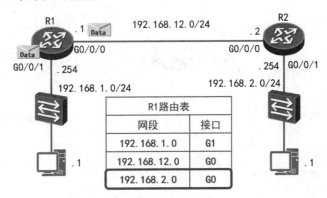

图 6.8　路由器转发数据包的过程(2)

(3) 路由器 R2 接收到数据包，查看数据包的目标地址，并查找路由表，根据路由表转发数据到 G1 口，如图 6.9 所示。

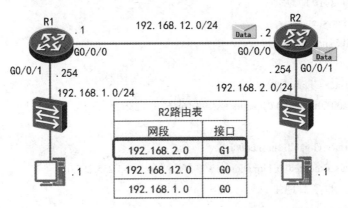

图 6.9　路由器转发数据包的过程(3)

(4) 主机 2.1 接收到数据包，如图 6.10 所示。

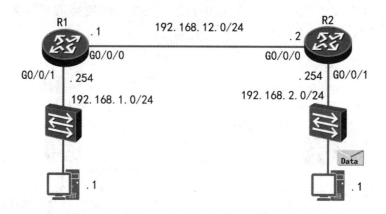

图 6.10　路由器转发数据包的过程(4)

4．多路由器的静态路由配置案例

要求配置接口 IP 地址并通过静态路由实现全网互通，如图 6.11 所示。

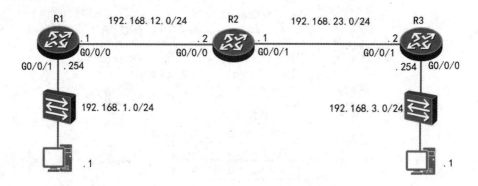

图 6.11　多路由器的静态路由配置案例

配置的步骤及命令如下：

(1) 配置 R1 的接口地址：

```
<Huawei>system-view
[Huawei]sysname R1

[R1]interface GigabitEthernet 0/0/0
[R1-GigabitEthernet0/0/0]ip address 192.168.12.1    255.255.255.0

[R1]interface GigabitEthernet 0/0/1
[R1-GigabitEthernet0/0/1]ip address 192.168.1.254    255.255.255.0
```

(2) 配置 R2 的接口地址：

```
<Huawei>system-view
[Huawei]sysname R2
```

[R2]interface GigabitEthernet 0/0/0

[R2-GigabitEthernet0/0/0]ip address 192.168.12.2　 255.255.255.0

[R2]interface GigabitEthernet 0/0/1

[R2-GigabitEthernet0/0/1]ip address 192.168.23.1　 255.255.255.0

(3) 配置 R3 的接口地址：

<Huawei>system-view

[Huawei]sysname R3

[R3]interface GigabitEthernet 0/0/0

[R3-GigabitEthernet0/0/0]ip address 192.168.3.254　 255.255.255.0

[R3]interface GigabitEthernet 0/0/1

[R3-GigabitEthernet0/0/1]ip address 192.168.23.2　 255.255.255.0

(4) 　配置静态路由：

[R1]ip route-static 192.168.3.0 255.255.255.0 192.168.12.2

[R1]ip route-static 192.168.23.0 255.255.255.0 192.168.12.2

[R2]ip route-static 192.168.1.0 255.255.255.0 192.168.12.1

[R2]ip route-static 192.168.3.0 255.255.255.0 192.168.23.2

[R3]ip route-static 192.168.1.0 255.255.255.0 192.168.23.1

[R3]ip route-static 192.168.12.0 255.255.255.0 192.168.23.1

(5) 测试。

两台主机可以互相 ping 通，也可以 ping 通路由器。

6.2.2　默认路由配置

1. 默认路由配置命令

默认路由配置命令的基本格式如下：

[Huawei]ip route-static　 0.0.0.0 0.0.0.0 下一跳

其中，下一跳可以是下一跳路由器的接口 IP 地址，也可以是到达目的网络的本地接口。

微课视频 012

如图 6.12 所示，在路由器 R2 上配置默认路由的命令如下：

[R2]ip route-static 0.0.0.0 0.0.0.0 172.16.2.2

下一跳采用本地接口的配置命令如下：

[R2]ip route-static 0.0.0.0 0.0.0.0 Serial 1/0/0

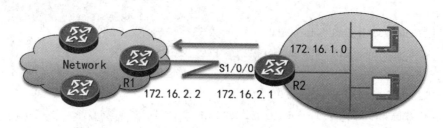

图 6.12 配置默认路由

2. 默认路由配置案例

要求配置接口 IP 地址并通过静态路由、默认路由实现全网互通，如图 6.13 所示。

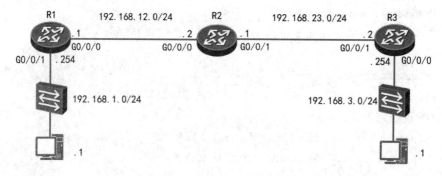

图 6.13 默认路由配置案例

配置步骤及命令如下：

(1) 配置 R1 的接口地址：

<Huawei>system-view

[Huawei]sysname R1

[R1]interface GigabitEthernet 0/0/0

[R1-GigabitEthernet0/0/0]ip address 192.168.12.1　255.255.255.0

[R1]interface GigabitEthernet 0/0/1

[R1-GigabitEthernet0/0/1]ip address 192.168.1.254　255.255.255.0

(2) 配置 R2 的接口地址：

<Huawei>system-view

[Huawei]sysname R2

[R2]interface GigabitEthernet 0/0/0

[R2-GigabitEthernet0/0/0]ip address 192.168.12.2　255.255.255.0

[R2]interface GigabitEthernet 0/0/1

[R2-GigabitEthernet0/0/1]ip address 192.168.23.1　255.255.255.0

(3) 配置 R3 的接口地址：

```
<Huawei>system-view
[Huawei]sysname R3

[R3]interface GigabitEthernet 0/0/0
[R3-GigabitEthernet0/0/0]ip address 192.168.3.254    255.255.255.0

[R3]interface GigabitEthernet 0/0/1
[R3-GigabitEthernet0/0/1]ip address 192.168.23.2    255.255.255.0
```

(4) 配置静态路由：

```
[R2]ip route-static 192.168.1.0 255.255.255.0 192.168.12.1
[R2]ip route-static 192.168.3.0 255.255.255.0 192.168.23.2
```

(5) 配置默认路由：

```
[R1]ip route-static 0.0.0.00.0.0.0 192.168.12.2

[R3]ip route-static 0.0.0.00.0.0.0 192.168.23.1
```

(6) 测试。

两台主机可以互相 ping 通，也可以 ping 通路由器。

3. 路由故障排查

R1 为分公司网关，R2 为总公司网关，如图 6.14 所示。在 R1 和 R2 路由器上都配置默认路由，通过抓包分析这种配置对网络通信的影响。如何更改配置来保证网络通信正常？

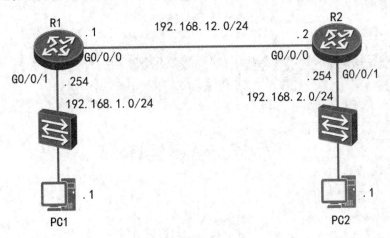

图 6.14　路由故障排查(1)

配置步骤及命令如下：

(1) 配置默认路由：

```
[R1]ip route-static 0.0.0.0 0.0.0.0 192.168.12.2
[R2]ip route-static 0.0.0.0 0.0.0.0 192.168.12.1
```

(2) 抓包分析。

首先在 PC1 上 ping PC2，可以通。如果在 PC1 上 ping 一个网络中不存在的地址，如
1.1.1.1，在 R2 的 G0/0/0 接口抓包，发生了路由环路，可以看到数据包的 TTL 值从 127 一
直减到 1，如图 6.15 和图 6.16 所示。

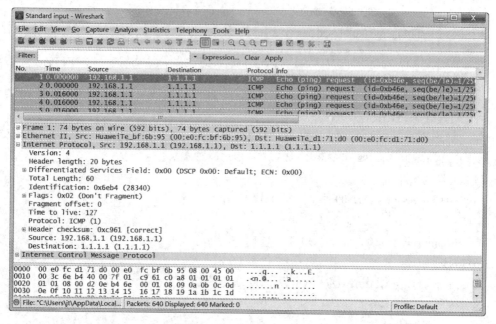

图 6.15　路由故障排查(2)

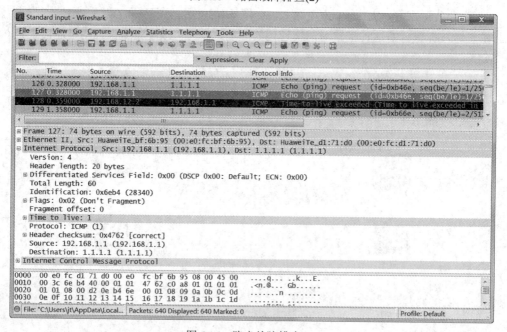

图 6.16　路由故障排查(3)

(3) 更改配置。将 R1 或 R2 任何一方修改为静态路由即可排除路由环路故障。

　　　[R1]ip route-static 192.168.2.0 255.255.255.0 192.168.12.2

本 章 小 结

每台路由器都维护着一张路由表，这是转发数据包的关键。

路由表是在路由器中维护的路由条目的集合，路由器是根据路由表做路径选择。

静态路由是由管理员在路由器中手动配置的路由，静态路由是单向的，通信双方的路由器都需要配置路由。

默认路由是一种特殊的静态路由，目标网络为 0.0.0.0/0.0.0.0，表示匹配任何目标地址。只有从路由表中找不到任何明确匹配的路由条目时，才会使用默认路由。

直接相连的两台路由器不能同时配置默认路由，否则会产生路由环路。

习 题

1. 在华为路由器上，配置链接网络 192.168.1.0/24 的路由条目，下面的配置命令中正确的是 （   ）。

A. ip route 192.168.1.0　　gi0/0/0

B. ip route-static 192.168.1.0　　255.255.255.0　　gi0/0

C. ip route 192.168.1.0 255.255.0.0　　gi0/0/0

D. ip route-static 192.168.1.0 255.255.0.0 gi0/0/0

2. 在企业中经常需要查看网络设备的 3 层接口 IP 地址信息，能够实现该功能的是（   ）。

A. display ip route

B. display ip interface brief

C. display ip routing-table protocol static

D. display vlan

3. 关于默认路由，以下描述正确的是 （   ）。

A. 默认路由只能静态配置，不能动态学习

B. 默认路由表示的是链接任何目标网络的路由

C. 路由器转发数据包时会首先使用默认路由

D. 默认路由在路由器上最多只能有一条

4. 以下关于路由表非直连网段的形成描述正确的是 （   ）。

A. 需要使用静态路由或动态路由将这些网段以及如何转发写到路由表中

B. 当在路由器上配置了接口的 IP 地址，并且接口状态为"up"时，路由表中会出现直连路由项

C. 需要使用静态路由或动态路由将这些网段以及如何转发写到 arp 表中

D. 当在路由器上配置了接口的 IP 地址，并且接口状态为"up"时，路由表中会出现非直连路由项

5. 下列关于静态路由与默认路由说法正确的是 (　　)。

A. 使用 ip route-static 192.168.1.0 255.255.255.0 192.168.10.2 命令配置完静态路由后，就一定能与 192.168.1.0 网段通信

B. 适当地使用默认路由可以减小路由表的大小

C. 使用 display ip routing-table 命令查看路由表时，静态路由和默认路由都用 c 来标识

D. 在配置默认路由时，使用 0.0.0.0 0.0.0.0 来表示所有网段

扫码看答案

第 7 章

三层交换

本章目标

- 掌握单臂路由的原理及配置；
- 深刻理解 VLAN 虚接口的配置思路；
- 掌握三层交换的基本配置步骤；
- 掌握三层交换的路由配置步骤。

问题导向

- 单臂路由是如何实现的？
- 三层交换的配置步骤有哪些？
- 三层交换机是如何实现 VLAN 之间通信的？

7.1 单臂路由的原理与配置

1. 单臂路由的原理

如图 7.1 所示，小企业内部网络结构简单，仅用几台甚至一台交换机就将所有员工机以及服务器连接到一起，然后通过光纤来访问 Internet。

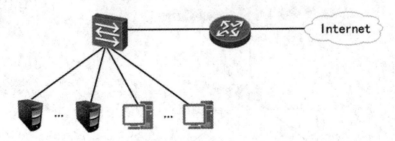

图 7.1 小企业网络环境

为了方便管理以及提高网络的效率，在交换机上划分了 VLAN，那么就出现了一个问题——如何实现 VLAN 间的通信呢？

在这种网络环境中，为了不增加成本，可以利用单臂路由技术来实现 VLAN 之间的通信。

单臂路由是指在路由器的一个接口上通过配置子接口或采用逻辑接口的方式，简单实现 VLAN 之间的通信。

1) 链路类型

交换机连接主机的端口为 Access 链路，交换机连接路由器的端口为 Trunk 链路。

2) 子接口

路由器的物理接口被划分成多个逻辑接口，每个子接口对应一个 VLAN 网段的网关。当路由器的物理接口被开启或关闭时，该接口的子接口也随之被开启或关闭。

在划分了子接口后，网络通信过程中路由器重新封装 MAC 地址，转换 VLAN 标签，如图 7.2 所示。

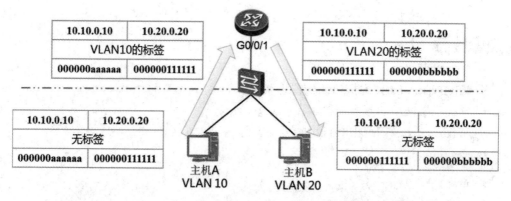

	主机A	主机B	G0/0/1.1	G0/0/1.2
IP地址	10.10.0.10/24	10.20.0.20/24	10.10.0.1/24	10.20.0.1/24
MAC地址	000000aaaaaa	000000bbbbbb	000000111111	000000111111

图 7.2　单臂路由的原理

2. 单臂路由的配置

使用 eNSP 搭建实验环境，要求配置单臂路由实现 PC1 与 PC2 通信，如图 7.3 所示。

微课视频 013

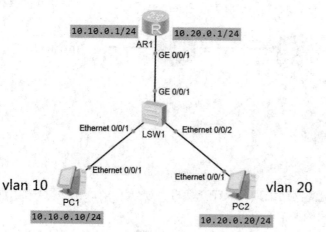

图 7.3　单臂路由配置

配置的步骤及命令如下：

(1) 交换机配置 VLAN 与 Trunk：

[Huawei]vlan batch 10 20

[Huawei]int e0/0/1
[Huawei-Ethernet0/0/1]port link-t access
[Huawei-Ethernet0/0/1]port default vlan 10

[Huawei]int e0/0/2
[Huawei-Ethernet0/0/2]port link-t access
[Huawei-Ethernet0/0/2]port default vlan 20

[Huawei]int g0/0/1
[Huawei-GigabitEthernet0/0/1]port link-t trunk
[Huawei-GigabitEthernet0/0/1]port trunk allow-pass vlan 10 20

(2) 路由器配置子接口，开启 ARP 广播，使子接口能够发出 ARP 查询广播：

[Huawei]int g0/0/1.1
[Huawei-GigabitEthernet0/0/1.1]dot1q termination vid 10
[Huawei-GigabitEthernet0/0/1.1]ip add 10.10.0.1 24
[Huawei-GigabitEthernet0/0/1.1]arp broadcast enable

[Huawei]int g0/0/1.2
[Huawei-GigabitEthernet0/0/1.2]dot1q termination vid 20
[Huawei-GigabitEthernet0/0/1.2]ip add 10.20.0.1 24
[Huawei-GigabitEthernet0/0/1.2]arp broadcast enable

(3) 测试。

PC1 能 ping 通 PC2，如图 7.4 所示。

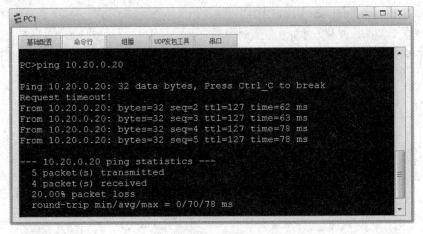

图 7.4　测试

7.2　三层交换的原理与配置

7.2.1　三层交换的原理

1. 单臂路由的缺陷

在路由器上配置了单臂路由后，数据包从接口流入再流出，会消耗路由器 CPU 与内存的资源，在一定程度上影响了数据包传输的效率。另外，如果 VLAN 的数量很多，那么流经路由器与交换机之间链路的流量就会变得非常大，此时这条链路也就成为了整个网络的瓶颈，如图 7.5 所示。

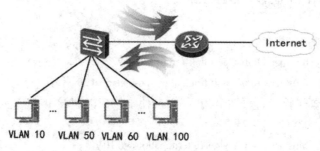

图 7.5　单臂路由的缺陷

2. 三层交换

单臂路由存在明显的缺陷，这就需要三层交换机来解决问题了。三层交换机是通过硬件来转发数据包的，能够实现数据包的高速转发，解决了传统路由器低速转发所导致的网络瓶颈问题。简单来说，三层交换=二层交换+三层转发，如图 7.6 所示。

图 7.6　三层交换

3. 虚接口

在三层交换机上配置的 VLAN 接口称为虚接口。虚接口的引入使得应用更加灵活，其配置命令如[Huawei]interface Vlanif 10。

对于虚接口要深入理解，才能在配置时得心应手。VLAN 10 与 VLAN 20 虚接口可以理解为三层交换机内部的两个路由接口,用于实现主机 A 与主机 B 的 VLAN 之间的通信,如图 7.7 所示。

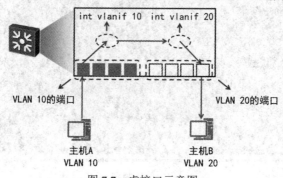

图 7.7　虚接口示意图

7.2.2 三层交换的配置

1. 三层交换机的基本配置

三层交换机的配置步骤如下：

(1) 确定哪些 VLAN 需要配置网关。

(2) 如果三层交换机上没有该 VLAN，则创建它。

(3) 为每个 VLAN 创建相关的 SVI(Switch Virtual Interface，交换机虚拟接口)，并给每个 SVI 配置 IP 地址。

微课视频 014

(4) 如果需要，为三层交换机配置路由。

如图 7.8 所示，要求配置三层交换机实现 VLAN 之间的互通。

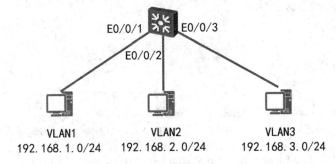

图 7.8 三层交换机的基本配置

配置的步骤及命令如下：

(1) 配置 VLAN：

```
[Huawei]vlan batch 2 3

[Huawei]int e0/0/1
[Huawei-Ethernet0/0/1]port link-t access
[Huawei-Ethernet0/0/1]port default vlan 1

[Huawei]int e0/0/2
[Huawei-Ethernet0/0/2]port link-t access
[Huawei-Ethernet0/0/2]port default vlan 2

[Huawei]int e0/0/3
[Huawei-Ethernet0/0/3]port link-t access
[Huawei-Ethernet0/0/3]port default vlan 3
```

(2) 配置 VLAN 网关：

```
[Huawei]int Vlanif 1
[Huawei-Vlanif1]ip add 192.168.1.254 24
[Huawei]int Vlanif 2
```

[Huawei-Vlanif2]ip add 192.168.2.254 24

[Huawei]int Vlanif 3

[Huawei-Vlanif3]ip add 192.168.3.254 24

(3) 测试。

测试 PC 间能够互相 ping 通。

2. 多交换机实现 VLAN 之间的互通

如图 7.9 所示，要求配置二层、三层交换机，实现 VLAN 之间的互通。

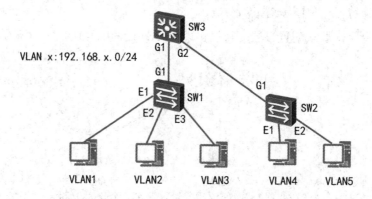

图 7.9　多交换机实现 VLAN 的互通

配置的步骤及命令如下：

(1) 在二层交换机 SW1 上配置 VLAN：

[SW1]vlan batch 2 3

[SW1]interface Ethernet0/0/1

[SW1-Ethernet0/0/1]port link-type access

[SW1-Ethernet0/0/1]port default vlan 1

[SW1]interface Ethernet0/0/2

[SW1-Ethernet0/0/2]port link-type access

[SW1-Ethernet0/0/2]port default vlan 2

[SW1]interface Ethernet0/0/3

[SW1-Ethernet0/0/3]port link-type access

[SW1-Ethernet0/0/3]port default vlan 3

[SW1]int g0/0/1

[SW1-GigabitEthernet0/0/1]port link-type trunk

[SW1-GigabitEthernet0/0/1]port trunk allow-pass vlan all

(2) 在二层交换机 SW2 上配置 VLAN：

[SW2]vlan batch 4 5

[SW2]interface Ethernet0/0/1
[SW2-Ethernet0/0/1]port link-type access
[SW2-Ethernet0/0/1]port default vlan 4

[SW2]interface Ethernet0/0/2
[SW2-Ethernet0/0/2]port link-type access
[SW2-Ethernet0/0/2]port default vlan 5

[SW2]int g0/0/1
[SW2-GigabitEthernet0/0/1]port link-type trunk
[SW2-GigabitEthernet0/0/1]port trunk allow-pass vlan all

(3) 配置三层交换机：

[SW3]vlan batch 1 to 5

[SW3]int g0/0/1
[SW3-GigabitEthernet0/0/1]port link-type trunk
[SW3-GigabitEthernet0/0/1]port trunk allow-pass vlan all
[SW3]int g0/0/2
[SW3-GigabitEthernet0/0/2]port link-type trunk
[SW3-GigabitEthernet0/0/2]port trunk allow-pass vlan all

[SW3]int Vlanif 1
[SW3-Vlanif1]ip add 192.168.1.254 24
[SW3]int Vlanif 2
[SW3-Vlanif2]ip add 192.168.2.254 24
[SW3]int Vlanif 3
[SW3-Vlanif3]ip add 192.168.3.254 24
[SW3]int Vlanif 4
[SW3-Vlanif1]ip add 192.168.4.254 24
[SW3]int Vlanif 5
[SW3-Vlanif2]ip add 192.168.5.254 24

(4) 测试。

测试 PC 间能够互相 ping 通。

3. 三层交换配置路由

如图 7.10 所示，要求配置 VLAN 及路由来实现全网互通。

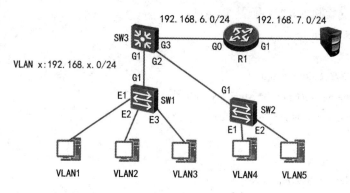

图 7.10   三层交换配置路由

配置的步骤及命令如下：

(1) 基础配置参考多交换机实现 VLAN 互通的配置。

(2) 三层交换机的配置：

    [SW3]vlan 6

    [SW3]int g0/0/3

    [SW3 -GigabitEthernet0/0/3]port link-type access

    [SW3 -GigabitEthernet0/0/3]port default vlan 6

    [SW3]int Vlanif 6

    [SW3-Vlanif6]ip add 192.168.6.254 24

    [SW3]ip route-static 192.168.7.0 255.255.255.0 192.168.6.1

(3) 路由器的配置：

    [R1]int g0/0/0

    [R1-GigabitEthernet0/0/0]ip add 192.168.6.1 24

    [R1]int g0/0/1

    [R1-GigabitEthernet0/0/1]ip add 192.168.7.254 24

    [R1]ip route-static 0.0.0.0 0.0.0.0 192.168.6.254

配置完成后查看路由表如下：

    [R1]dis ip ro

    Route Flags: R - relay, D - download to fib

    Routing Tables: Public

    Destinations : 11   Routes : 11

    Destination/Mask   Proto   Pre Cost Flags NextHop   Interface

    0.0.0.0/0   Static 60   0   RD   192.168.6.254 GigabitEthernet0/0/0

127.0.0.0/8	Direct	0	0		D	127.0.0.1	InLoopBack0
127.0.0.1/32	Direct	0	0		D	127.0.0.1	InLoopBack0
127.255.255.255/32	Direct	0	0		D	127.0.0.1	InLoopBack0
192.168.6.0/24	Direct	0	0		D	192.168.6.1	GigabitEthernet0/0/0
192.168.6.1/32	Direct	0	0		D	127.0.0.1	GigabitEthernet0/0/0
192.168.6.255/32	Direct	0	0		D	127.0.0.1	GigabitEthernet0/0/0
192.168.7.0/24	Direct	0	0		D	192.168.7.254	GigabitEthernet0/0/1
192.168.7.254/32	Direct	0	0		D	127.0.0.1	GigabitEthernet0/0/1
192.168.7.255/32	Direct	0	0		D	127.0.0.1	GigabitEthernet0/0/1
255.255.255.255/32	Direct	0	0		D	127.0.0.1	InLoopBack0

(4) 测试。

测试 PC 之间、PC 与服务器之间能够互相 ping 通。

4. 多层交换配置路由

如图 7.11 所示，要求配置二层、三层交换机实现 VLAN 之间的互通。

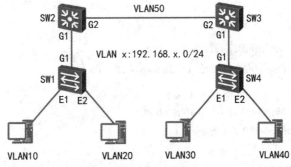

图 7.11　多层交换配置路由

配置的步骤及命令如下：

(1) 在二层交换机 SW1 上配置 VLAN：

```
[SW1]vlan batch 10 20

[SW1]interface Ethernet0/0/1
[SW1-Ethernet0/0/1]port link-type access
[SW1-Ethernet0/0/1]port default vlan 10
[SW1]interface Ethernet0/0/2
[SW1-Ethernet0/0/2]port link-type access
[SW1-Ethernet0/0/2]port default vlan 20

[SW1]int g0/0/1
[SW1-GigabitEthernet0/0/1]port link-type trunk
[SW1-GigabitEthernet0/0/1]port trunk allow-pass vlan all
```

(2) 在二层交换机 SW4 上配置 VLAN：

[SW4]vlan batch30 40

[SW4]interface Ethernet0/0/1

[SW4-Ethernet0/0/1]port link-type access

[SW4-Ethernet0/0/1]port default vlan30

[SW4]interface Ethernet0/0/2

[SW4-Ethernet0/0/2]port link-type access

[SW4-Ethernet0/0/2]port default vlan40

[SW4]int g0/0/1

[SW4-GigabitEthernet0/0/1]port link-type trunk

[SW4-GigabitEthernet0/0/1]port trunk allow-pass vlan all

(3) 配置三层交换机 SW2：

[SW2]vlan batch 10 20 50

[SW2]int g0/0/1

[SW2-GigabitEthernet0/0/1]port link-type trunk

[SW2-GigabitEthernet0/0/1]port trunk allow-pass vlan all

[SW2]int g0/0/2

[SW2-GigabitEthernet0/0/2]port link-type trunk

[SW2-GigabitEthernet0/0/2]port trunk allow-pass vlan50　　　　　　　//这里只允许 VLAN 50 即可

[SW2]int Vlanif10

[SW2-Vlanif10]ip add 192.168.10.254 24

[SW2]int Vlanif20

[SW2-Vlanif20]ip add 192.168.20.254 24

[SW2]int Vlanif50

[SW2-Vlanif50]ip add 192.168.50.1 24

(4) 配置三层交换机 SW3：

[SW3]vlan batch 30 40 50

[SW3]int g0/0/1

[SW3-GigabitEthernet0/0/1]port link-type trunk

[SW3-GigabitEthernet0/0/1]port trunk allow-pass vlan all

[SW3]int g0/0/2

[SW3-GigabitEthernet0/0/2]port link-type trunk

[SW3-GigabitEthernet0/0/2]port trunk allow-pass vlan50　　　　　　　//这里只允许 VLAN 50 即可

[SW3]int Vlanif30

[SW3-Vlanif30]ip add 192.168.30.254 24

[SW3]int Vlanif40

[SW3-Vlanif40]ip add 192.168.40.254 24

[SW3]int Vlanif50

[SW3-Vlanif50]ip add 192.168.50.2 24

(5) 配置路由：

[SW2]ip route-static 192.168.30.0 255.255.255.0 192.168.50.2

[SW2]ip route-static 192.168.40.0 255.255.255.0 192.168.50.2

[SW3]ip route-static 192.168.10.0 255.255.255.0 192.168.50.1

[SW3]ip route-static 192.168.20.0 255.255.255.0 192.168.50.1

配置完成后查看路由表如下：

[SW2]dis ip ro

Route Flags: R - relay, D - download to fib

Routing Tables: Public

Destinations : 10   Routes : 10

Destination/Mask	Proto	Pre	Cost	Flags	NextHop	Interface
127.0.0.0/8	Direct	0	0	D	127.0.0.1	InLoopBack0
127.0.0.1/32	Direct	0	0	D	127.0.0.1	InLoopBack0
192.168.10.0/24	Direct	0	0	D	192.168.10.254	Vlanif10
192.168.10.254/32	Direct	0	0	D	127.0.0.1	Vlanif10
192.168.20.0/24	Direct	0	0	D	192.168.20.254	Vlanif20
192.168.20.254/32	Direct	0	0	D	127.0.0.1	Vlanif20
192.168.30.0/24	Static	60	0	RD	192.168.50.2	Vlanif50
192.168.40.0/24	Static	60	0	RD	192.168.50.2	Vlanif50
192.168.50.0/24	Direct	0	0	D	192.168.50.1	Vlanif50
192.168.50.1/32	Direct	0	0	D	127.0.0.1	Vlanif50

[SW3]dis ip ro

Route Flags: R - relay, D - download to fib

Routing Tables: Public

Destinations : 10   Routes : 10

Destination/Mask	Proto	Pre	Cost	Flags	NextHop	Interface
127.0.0.0/8	Direct	0	0	D	127.0.0.1	InLoopBack0
127.0.0.1/32	Direct	0	0	D	127.0.0.1	InLoopBack0

192.168.10.0/24	Static	60	0	RD	192.168.50.1	Vlanif50
192.168.20.0/24	Static	60	0	RD	192.168.50.1	Vlanif50
192.168.30.0/24	Direct	0	0	D	192.168.30.254	Vlanif30
192.168.30.254/32	Direct	0	0	D	127.0.0.1	Vlanif30
192.168.40.0/24	Direct	0	0	D	192.168.40.254	Vlanif40
192.168.40.254/32	Direct	0	0	D	127.0.0.1	Vlanif40
192.168.50.0/24	Direct	0	0	D	192.168.50.2	Vlanif50
192.168.50.2/32	Direct	0	0	D	127.0.0.1	Vlanif50

(6) 测试。

首先配置主机的 IP 地址及默认网关，如 VLAN 10 主机的配置如图 7.12 所示，其他主机配置与之类似。

图 7.12　配置主机 IP 地址及默认网关

然后测试四台 PC 之间能够互相 ping 通。

本 章 小 结

单臂路由是指在路由器的一个接口上通过配置子接口或称为逻辑接口的方式，从而简单实现 VLAN 之间的通信。

三层交换机是通过硬件来转发数据包的，能够实现数据包的高速转发，简单来说，三层交换=二层交换+三层转发。

在三层交换机上配置的 VLAN 接口称为虚接口，每一个 VLAN 虚接口就是该网段的网关，虚接口的引入使得应用更加灵活。

三层交换机具备路由功能，虚接口可以理解为三层交换机内部的路由接口，从而能够实现 VLAN 之间的通信。

习 题

1. 配置单臂路由子接口的封装命令"dot1q termination vid 10"，其中关于数字 10 描述正确的是 (　　)。

A. 该数字必须和子接口对应的 vlan 的编号一致

B. 该数字没有任何意义，可以不用设置

C. 该数字只是为了区别子接口，只要和其他子接口不一样就可以

D. 该数字就是该接口的优先级

2. 在华为路由器上使用单臂路由时，会重新封装数据帧的 (　　)。

A. 源 MAC 地址和目的 MAC 地址

B. 源 MAC 地址和源 IP 地址

C. 目的 MAC 地址和目的 IP 地址

D. VLAN 标签

3. 下列关于华为三层交换机说法错误的是 (　　)。

A. 可以通过 undo ip routing 命令关闭路由功能

B. 二层接口不能通过 undo switchport 转换为三层接口

C. 在进行路由直连时，只能配置 VLAN 的虚接口

D. 默认开启路由功能

4. 对三层交换机描述错误的是 (　　)。

A. VLAN 之间通信需要经过三层路由

B. 通过 VLAN 设置能隔离广播域

C. 只工作在数据链路层

D. 能隔离冲突域

5. 以下关于华为三层交换机配置接口 IP，说法正确的是 (　　)。

A. 三层交换机的物理接口无法直接设置为 IP 地址

B. 三层交换机的物理接口可以直接设置为 IP 地址

C. 三层交换机的物理接口必须通过子接口来设置 IP 地址

D. 三层交换机的物理接口必须通过 vlan 来设置 IP 地址

扫码看答案

第 8 章

生成树协议

▶ 本章目标

- 理解交换网络中的广播风暴的含义；
- 掌握生成树算法；
- 了解 BPDU(桥协议数据单元)的内容；
- 理解在 STP 计算过程中交换机端口的 5 种 STP 状态；
- 掌握 STP 与 MSTP 的配置步骤及命令。

▶ 问题导向

- STP 的作用是什么？
- 生成树算法的 3 个步骤是什么？
- 如何选择根网桥？
- 交换机端口的 5 种 STP 状态是什么？

8.1　生成树的原理

8.1.1　生成树算法

1. 广播风暴

如图 8.1 所示，交换机 A 根据 MAC 地址表转发数据帧，如果 MAC 地址未知，则广播数据帧；如果交换机接收到广播帧，则也会向所有端口发送。上述情况在这种网络环境中不会造成广播风暴的问题。

但当网络中存在物理环路时，如图 8.2 所示，交换机 B 与交换机 C 也会广播数据帧。

这样就会产生广播风暴，如图 8.3 所示。广播风暴最终会导致网络资源被耗尽，交换机死机。

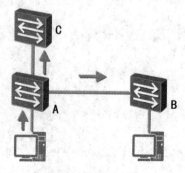

图 8.1　广播风暴(1)

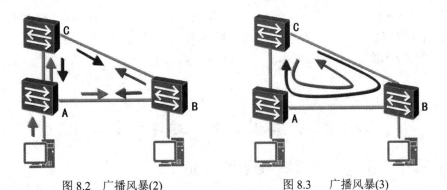

图 8.2　广播风暴(2)　　　　　图 8.3　广播风暴(3)

2. 生成树

虽然环状的物理线路容易产生广播风暴,但是它能够为网络提供备份,增强网络的可靠性。那么如何既保证网络的可靠性,又能够防止广播风暴的产生呢?

STP(Spanning Tree Protocol,生成树协议)就是用来解决这个问题的。STP 并不是断开物理环路,而是在逻辑上断开环路,防止广播风暴的产生。当线路故障时,STP 起激活阻塞接口,恢复通信,备份线路的作用,如图 8.4 所示。

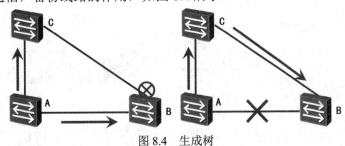

图 8.4　生成树

STP 通过一种算法,在逻辑上阻塞一些端口,从而把一个环形结构改变成一个逻辑上的树形结构。

虽然 STP 算法的过程比较复杂,但可以归纳为以下三个步骤:

(1) 选择根网桥(Root Bridge)。

(2) 选择根端口(Root Ports)。

(3) 选择指定端口(Designated Ports)。

接下来通过一个例子来讲解这三个步骤的具体过程,如图 8.5 所示。

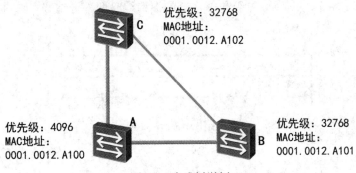

优先级:32768
MAC地址:
0001.0012.A102

优先级:4096
MAC地址:
0001.0012.A100

优先级:32768
MAC地址:
0001.0012.A101

图 8.5　生成树举例

(1) 选择根网桥。选择根网桥的依据是网桥 ID。网桥 ID 是一个 8 字节的字段，如图 8.6 所示，前 2 字节为网桥优先级，后 6 字节是网桥的 MAC 地址。网桥 ID 的取值范围为 0～65535，网桥 ID 的默认值是 32768。

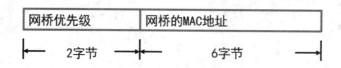

图 8.6　网桥 ID

在选择根网桥的时候，具体方法是看哪台交换机的网桥 ID 的值最小，数值最小的被选择为根网桥；在数值相同的情况下，MAC 地址小的为根网桥。因此，图 8.5 中的交换机 A 被选为根网桥，如图 8.7 所示。

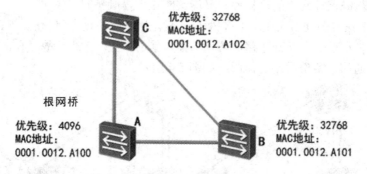

图 8.7　选择根网桥

(2) 选择根端口。根端口存在于非根网桥上，需要在每个非根网桥上选择一个对应的根端口。

选择根端口的依据如下：

① 到根网桥的根路径成本最低。

② 直连的网桥 ID 最小。

③ 端口标识最小。

根路径成本是指交换机到达根网桥的所有线路的路径成本，线路的带宽越大，它传输数据的成本也就越低。

端口 ID 由 1 字节的端口优先级和 1 字节的端口编号两部分组成，如图 8.8 所示。端口优先级可配置，其默认值是 128。

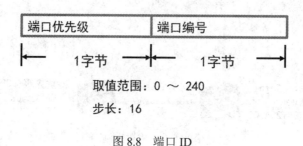

图 8.8　端口 ID

很显然，在交换机 B、C 上选出的根端口如图 8.9 所示。

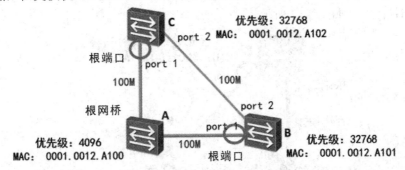

图 8.9　选择根端口

(3) 选择指定端口。选择完根网桥和每台交换机的根端口后，一个树形结构已初步形成。为了消除环路形成的可能性，STP 还需要在每一个网段上选择一个指定端口，根网桥上的端口全是指定端口。

选择指定端口的依据如下：

① 根路径成本较低。

② 所在的交换机的网桥 ID 的值较小。

③ 端口 ID 的值较小。

首先，根桥上的端口全是指定端口，如图 8.10 所示。

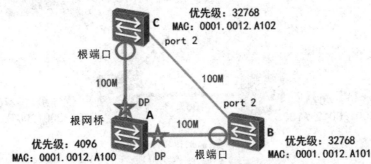

图 8.10　选择指定端口(1)

其次，需要在交换机 B 和 C 之间的链路上选择一个指定端口 (两个端口的根路径成本一样)，再比较交换机的网桥 ID，最后选择指定端口，如图 8.11 所示。

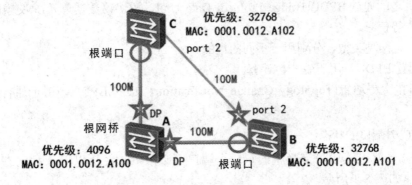

图 8.11　选择指定端口(2)

这样在交换机所有端口中，只有交换机 C 的端口 2 既不是根端口，也不是指定端口，所以该端口被阻塞，如图 8.12 所示。

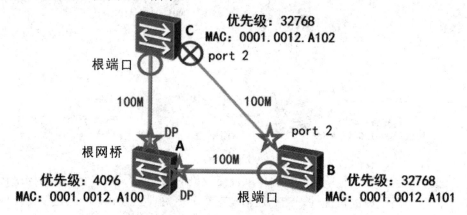

图 8.12　阻塞端口

最终形成无环拓扑的逻辑结构，如图 8.13 所示。

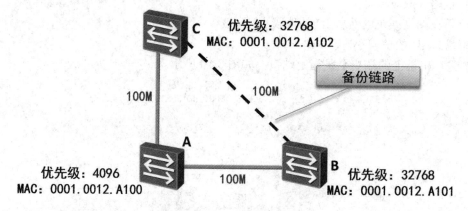

图 8.13　无环拓扑的逻辑结构

8.1.2　生成树的收敛

1. 桥协议数据单元

交换机之间通过 BPDU(Bridge Protocol Data Unit，桥协议数据单元)来交换网桥 ID、根路径成本等信息。

BPDU 有两种类型，分别用于不同的目的。

(1) 配置 BPDU，用于生成树计算。

(2) 拓扑变更通告(Topology Change Notification，TCN)BPDU，用于通告网络拓扑的变化。

2. 生成树端口的状态

在 STP 计算过程中，交换机的每一个端口都必须依次经历以下 5 种状态，其状态及对应用途如表 8-1 所示。

表 8-1 交换机端口的五种 STP 状态

状态	用途
禁用(Disabled)	强制关闭
阻塞(Blocking)	只接收 BPDU
侦听(Listening)	构建活动拓扑
学习(Learning)	构建网桥表
转发(Forwarding)	发送/接收用户数据

STP 的端口状态详细描述如下：

(1) Disabled(禁用)：由管理员设定或因网络故障使端口处于 Disabled 状态。

(2) Blocking(阻塞)：该端口仅允许接收 BPDU 报文，不能接收或发送数据。

(3) Listening(侦听)：该端口允许接收或发送 BPDU 报文，不能接收或发送数据。

(4) Learning(学习)：一个端口在 Listening 状态下经过一段时间(称为转发延迟)后，将转为 Learning 状态。该端口可以发送和接收 BPDU 报文，可以学习新的 MAC 地址，并将该地址添加到交换机的地址表中。

(5) Forwarding(转发)：在 Learning 状态下再经历一定的转发延迟时间，该端口转为 Forwarding 状态。该端口既可以发送和接收 BPDU 报文，可以学习新的 MAC 地址，也可以发送和接收数据帧。

3. 生成树计时器

STP 利用三种计时器来确保一个网络的正确收敛。

(1) Hello 时间：网桥发送配置 BPDU 报文之间的时间间隔。IEEE 802.1d 标准规定的默认访问时间为 2 s。

(2) 转发延迟：一个交换机端口在 Listening(侦听)和 Learning(学习)状态所花费的时间间隔，它的默认值各为 15 s。

(3) 最大老化时间：交换机在丢弃 BPDU 报文之前储存它的最大时间。最大老化时间的默认值是 20 s。

当启用 STP 时，VLAN 上的每台交换机在加电以后都经过从阻塞到侦听、从侦听到的学习、从学习到转发的过渡状态，典型的端口过渡如下：

(1) 从阻塞到侦听(20 s)。

(2) 从侦听到学习(15 s)。

(3) 从学习到转发(15 s)。

直到交换机的 STP 计算完毕，有些端口可以转发数据，有些端口则被阻塞。当网络的拓扑发生变化的时候，交换机还要重新运行 STP 计算，形成新的逻辑拓扑结构。

8.2 生成树的配置

1. 配置命令

(1) 启动或关闭交换机的 STP 功能，默认情况下交换机的 STP 功能处于开启状态。

　　　　[Huawei]stp｛enable | disable｝

（2）选择交换机的 STP 运行模式，默认情况下交换机的运行模式为 MSTP。

　　　　[Huawei]stp mode｛stp | rstp | mstp｝

（3）设置交换机的优先级，priority 取值范围 0～61440，步长 4096，默认值为 32768。

　　　　[Huawei]stp priority *priority*

（4）更改端口的 STP Cost，在端口上开启、关闭 STP 功能：

[Huawei]interface G1/0/1

　　　　[Huawei-G1/0/1]stp cost {value}

　　　　[Huawei-G1/0/11]stp｛enable | disable｝

2. 配置案例

如图 8.14 所示，首先查看当前根网桥，然后通过修改交换机的优先级来分配根网桥。

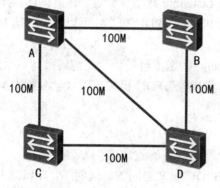

微课视频 015

图 8.14　STP 配置案例

配置的步骤及命令如下所述。

（1）配置 STP：

　　　　[A]stp mode stp

　　　　[B]stp mode stp

　　　　[C]stp mode stp

　　　　[D]stp mode stp

（2）查看根网桥：

　　　　[A]dis stp

　　　　-------[CIST Global Info][Mode STP]-------

　　　　CIST Bridge　　　　　　:32768.4c1f-cc3b-03cb

　　　　Config Times　　　　　 :Hello 2s MaxAge 20s FwDly 15s MaxHop 20

　　　　Active Times　　　　　 :Hello 2s MaxAge 20s FwDly 15s MaxHop 20

　　　　CIST Root/ERPC　　　　:32768.4c1f-cc17-3481 / 200000

　　　　CIST RegRoot/IRPC　　 :32768.4c1f-cc3b-03cb / 0

　　　　CIST RootPortId:128.2

BPDU-Protection　　　　:Disabled

TC or TCN received　　　:106

TC count per hello　　　　:0

STP Converge Mode　　　:Normal

Time since last TC　　　　:0 days 0h:9m:8s

Number of TC　　　　　　:12

Last TC occurred　　　　　:Ethernet0/0/2

[B]dis stp

-------[CIST Global Info][Mode STP]-------

CIST Bridge　　　　　　　:32768.4c1f-cc17-3481

Config Times　　　　　　　:Hello 2s MaxAge 20s FwDly 15s MaxHop 20

Active Times　　　　　　　:Hello 2s MaxAge 20s FwDly 15s MaxHop 20

CIST Root/ERPC　　　　　:32768.4c1f-cc17-3481 / 0

CIST RegRoot/IRPC　　　　:32768.4c1f-cc17-3481 / 0

CIST RootPortId:0.0

BPDU-Protection　　　　:Disabled

TC or TCN received　　　:23

TC count per hello　　　　:0

STP Converge Mode　　　:Normal

Time since last TC　　　　:0 days 0h:9m:52s

Number of TC　　　　　　:13

Last TC occurred　　　　　:Ethernet0/0/4

[C]dis stp

-------[CIST Global Info][Mode STP]-------

CIST Bridge　　　　　　　:32768.4c1f-cc50-3d65

Config Times　　　　　　　:Hello 2s MaxAge 20s FwDly 15s MaxHop 20

Active Times　　　　　　　:Hello 2s MaxAge 20s FwDly 15s MaxHop 20

CIST Root/ERPC　　　　　:32768.4c1f-cc17-3481 / 400000

CIST RegRoot/IRPC　　　　:32768.4c1f-cc50-3d65 / 0

CIST RootPortId:128.4

BPDU-Protection　　　　:Disabled

TC or TCN received　　　:92

TC count per hello　　　　:0

STP Converge Mode　　　:Normal

Time since last TC　　　　:0 days 0h:10m:26s

```
    Number of TC          :11
    Last TC occurred      :Ethernet0/0/4


    [D]dis stp
    -------[CIST Global Info][Mode STP]-------
    CIST Bridge           :32768.4c1f-cc22-4507
    Config Times          :Hello 2s MaxAge 20s FwDly 15s MaxHop 20
    Active Times          :Hello 2s MaxAge 20s FwDly 15s MaxHop 20
    CIST Root/ERPC        :32768.4c1f-cc17-3481 / 200000
    CIST RegRoot/IRPC     :32768.4c1f-cc22-4507 / 0
    CIST RootPortId:128.2
    BPDU-Protection       :Disabled
    TC or TCN received    :49
    TC count per hello    :0
    STP Converge Mode     :Normal
    Time since last TC    :0 days 0h:11m:12s
    Number of TC          :13
    Last TC occurred      :Ethernet0/0/2
```

可以看出，交换机 B 是根网桥。

(3) 配置交换机 A 为根网桥：

```
    [A]stp priority 4096


    [A]dis stp
    -------[CIST Global Info][Mode STP]-------
    CIST Bridge           :4096 .4c1f-cc3b-03cb
    Config Times          :Hello 2s MaxAge 20s FwDly 15s MaxHop 20
    Active Times          :Hello 2s MaxAge 20s FwDly 15s MaxHop 20
    CIST Root/ERPC        :4096 .4c1f-cc3b-03cb / 0
    CIST RegRoot/IRPC     :4096 .4c1f-cc3b-03cb / 0
    CIST RootPortId:0.0
    BPDU-Protection       :Disabled
    TC or TCN received    :108
    TC count per hello    :0
    STP Converge Mode     :Normal
    Time since last TC    :0 days 0h:0m:14s
    Number of   TC        :15
    Last TC occurred      :Ethernet0/0/3
```

此时，根网桥已经是交换机 A 了。

8.3 多生成树的原理与配置

1. MSTP 概述

多生成树协议 MSTP(Multiple Spanning Tree Protocol)是 IEEE802.1s 中定义的生成树协议，通过生成多个生成树，来解决以太网环路的问题。

MSTP 兼容 STP，既可以快速收敛，又提供了数据转发的多个冗余路径，在数据转发的过程中实现 VLAN 数据的负载均衡。

MSTP 网络中包含一个或多个 MST 域(MST Region)，每个 MST 域中包含一个或多个 MSTI(Multiple Spanning Tree Instance)，MSTI 是由运行生成树协议的交换设备组成的，如图 8.15 所示。

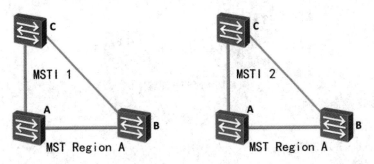

图 8.15 MSTP

2. MSTP 配置命令

(1) MSTP 区域配置：

[Huawei]stp region-configuration

[Huawei-mst-region]region-name tedu//给区域命名

[Huawei-mst-region]instance 1 vlan 10 //开启生成树实例，并将 vlan 加入

[Huawei-mst-region]active region-configuration //激活区域配置

(2) 修改实例的优先级：

[Huawei]stp instance 1 priority 4096

(3) 查看当前实例的生成树信息：

[Huawei-mst-region]display this

#

stp region-configuration

region-nametedu

instance 1 vlan 10

instance 2 vlan 20

active region-configuration

#

(4) 查看某个实例的生成树信息：

[Huawei]display stp instance 1

3. MSTP 配置的案例

要求配置 MSTP 实现多生成树的效果，如图 8.16 所示。

(1) 配置交换机 A 成为 VLAN 10 和 VLAN 20 的主根，VLAN 30 和 VLAN 40 的次根。

(2) 配置交换机 B 成为 VLAN 30 和 VLAN 40 的主根，VLAN 10 和 VLAN 20 的次根。

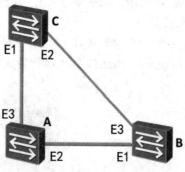

图 8.16　MSTP 配置案例

配置的步骤及命令如下：

(1) 基本配置：

[A]vlan batch 10 20 30 40

[A]int e0/0/2

[A-Ethernet0/0/2]port link-type trunk

[A-Ethernet0/0/2]port trunk allow-pass vlan all

[A]int e0/0/3

[A-Ethernet0/0/3]port link-type trunk

[A-Ethernet0/0/3]port trunk allow-pass vlan all

[B]vlan batch 10 20 30 40

[B]int e0/0/1

[B-Ethernet0/0/1]port link-type trunk

[B-Ethernet0/0/1]port trunk allow-pass vlan all

[B]int e0/0/3

[B-Ethernet0/0/3]port link-type trunk

[B-Ethernet0/0/3]port trunk allow-pass vlan all

[C]vlan batch 10 20 30 40

[C]int e0/0/1

[C-Ethernet0/0/1]port link-type trunk

[C-Ethernet0/0/1]port trunk allow-pass vlan all

[C]int e0/0/2

[C-Ethernet0/0/2]port link-type trunk

[C-Ethernet0/0/2]port trunk allow-pass vlan all

(2) 配置 MSTP：

[A]stp region-configuration

[A-mst-region]region-name tedu

[A-mst-region]instance 1 vlan 10 20

[A-mst-region]instance 2 vlan 30 40

[A-mst-region]active region-configuration

(3) 查看配置：

[A-mst-region]dis this

#

stp region-configuration

region-nametedu

instance 1 vlan 10 20

instance 2 vlan 30 40

active region-configuration

#

return

交换机 B、C 也同样配置如下：

[B]stp region-configuration

[B-mst-region]region-name tedu

[B-mst-region]instance 1 vlan 10 20

[B-mst-region]instance 2 vlan 30 40

[B-mst-region]active region-configuration

[C]stp region-configuration

[C-mst-region]region-name tedu

[C-mst-region]instance 1 vlan 10 20

[C-mst-region]instance 2 vlan 30 40

[C-mst-region]active region-configuration

(4) 配置主根与次根：

[A]stp instance 1 priority 4096

[A]stp instance 2 priority 8192

[B]stp instance 2 priority 4096

[B]stp instance 1 priority 8192

(5) 验证：

[A]dis stp instance 1

-------[MSTI 1 Global Info]-------

MSTI Bridge ID	:4096.4c1f-cc87-1de7
MSTI RegRoot/IRPC	:4096.4c1f-cc87-1de7 / 0
MSTI RootPortId:0.0	
Master Bridge	:32768.4c1f-cc0d-76bc
Cost to Master	:200000
TC received	:5
TC count per hello	:0
Time since last TC	:0 days 0h:3m:6s
Number of TC	:4
Last TC occurred	:Ethernet0/0/2

----[Port2(Ethernet0/0/2)][FORWARDING]----

Port Role	:Designated Port
Port Priority	:128
Port Cost(Dot1T)	:Config=auto / Active=200000
Designated Bridge/Port	:4096.4c1f-cc87-1de7 / 128.2
Port Times	:RemHops 20
TC or TCN send	:4
TC or TCN received	:3

----[Port3(Ethernet0/0/3)][FORWARDING]----

Port Role	:Designated Port
Port Priority	:128
Port Cost(Dot1T)	:Config=auto / Active=200000
Designated Bridge/Port	:4096.4c1f-cc87-1de7 / 128.3
Port Times	:RemHops 20
TC or TCN send	:2
TC or TCN received	:2

[A]dis stp instance 2

-------[MSTI 2 Global Info]-------

MSTI Bridge ID	:8192.4c1f-cc87-1de7
MSTI RegRoot/IRPC	:4096.4c1f-cc0d-76bc / 200000
MSTI RootPortId:128.2	
Master Bridge	:32768.4c1f-cc0d-76bc
Cost to Master	:200000
TC received	:4
TC count per hello	:0
Time since last TC	:0 days 0h:3m:49s

```
Number of TC                :4
Last TC occurred            :Ethernet0/0/2
----[Port2(Ethernet0/0/2)][FORWARDING]----
  Port Role                 :Root Port
  Port Priority             :128
  Port Cost(Dot1T )         :Config=auto / Active=200000
  Designated Bridge/Port    :4096.4c1f-cc0d-76bc / 128.1
  Port Times                :RemHops 20
  TC or TCN send            :4
  TC or TCN received        :3
----[Port3(Ethernet0/0/3)][FORWARDING]----
  Port Role                 :Designated Port
  Port Priority             :128
  Port Cost(Dot1T )         :Config=auto / Active=200000
  Designated Bridge/Port    :8192.4c1f-cc87-1de7 / 128.3
  Port Times                :RemHops 19
  TC or TCN send            :2
  TC or TCN received        :1


[B]dis stp instance 1
-------[MSTI 1 Global Info]-------
MSTI Bridge ID              :8192.4c1f-cc0d-76bc
MSTI RegRoot/IRPC           :4096.4c1f-cc87-1de7 / 200000
MSTI RootPortId:128.1
Master Bridge               :32768.4c1f-cc0d-76bc
Cost to Master              :0
TC received                 :4
TC count per hello          :0
Time since last TC          :0 days 0h:5m:26s
Number of TC                :4
Last TC occurred            :Ethernet0/0/3
----[Port1(Ethernet0/0/1)][FORWARDING]----
  Port Role                 :Root Port
  Port Priority             :128
  Port Cost(Dot1T )         :Config=auto / Active=200000
  Designated Bridge/Port    :4096.4c1f-cc87-1de7 / 128.2
  Port Times                :RemHops 20
  TC or TCN send            :3
  TC or TCN received        :4
```

----[Port3(Ethernet0/0/3)][FORWARDING]----

    Port Role   :Designated Port

    Port Priority   :128

    Port Cost(Dot1T)   :Config=auto / Active=200000

    Designated Bridge/Port   :8192.4c1f-cc0d-76bc / 128.3

    Port Times   :RemHops 19

    TC or TCN send   :1

    TC or TCN received   :0

[B]dis stp instance 2

-------[MSTI 2 Global Info]-------

MSTI Bridge ID   :4096.4c1f-cc0d-76bc

MSTI RegRoot/IRPC   :4096.4c1f-cc0d-76bc / 0

MSTI RootPortId:0.0

Master Bridge   :32768.4c1f-cc0d-76bc

Cost to Master   :0

TC received   :6

TC count per hello   :0

Time since last TC   :0 days 0h:6m:4s

Number of TC   :5

Last TC occurred   :Ethernet0/0/3

----[Port1(Ethernet0/0/1)][FORWARDING]----

    Port Role   :Designated Port

    Port Priority   :128

    Port Cost(Dot1T)   :Config=auto / Active=200000

    Designated Bridge/Port   :4096.4c1f-cc0d-76bc / 128.1

    Port Times   :RemHops 20

    TC or TCN send   :3

    TC or TCN received   :4

----[Port3(Ethernet0/0/3)][FORWARDING]----

    Port Role   :Designated Port

    Port Priority   :128

    Port Cost(Dot1T)   :Config=auto / Active=200000

    Designated Bridge/Port   :4096.4c1f-cc0d-76bc / 128.3

    Port Times   :RemHops 20

    TC or TCN send   :2

    TC or TCN received   :2

[C]dis stp instance 1

```
-------[MSTI 1 Global Info]-------
MSTI Bridge ID              :32768.4c1f-ccb8-32b8
MSTI RegRoot/IRPC           :4096.4c1f-cc87-1de7 / 200000
MSTI RootPortId:128.1
Master Bridge               :32768.4c1f-cc0d-76bc
Cost to Master              :200000
TC received                 :3
TC count per hello          :0
Time since last TC          :0 days 0h:6m:58s
Number of TC                :3
Last TC occurred            :Ethernet0/0/1
----[Port1(Ethernet0/0/1)][FORWARDING]----
  Port Role                 :Root Port
  Port Priority             :128
  Port Cost(Dot1T )         :Config=auto / Active=200000
  Designated Bridge/Port    :4096.4c1f-cc87-1de7 / 128.3
  Port Times                :RemHops 20
  TC or TCN send            :2
  TC or TCN received        :2
----[Port2(Ethernet0/0/2)][DISCARDING]----
  Port Role                 :Alternate Port
  Port Priority             :128
  Port Cost(Dot1T )         :Config=auto / Active=200000
  Designated Bridge/Port    :8192.4c1f-cc0d-76bc / 128.3
  Port Times                :RemHops 19
  TC or TCN send            :0
  TC or TCN received        :1


[C]dis stp instance 2
-------[MSTI 2 Global Info]-------
MSTI Bridge ID              :32768.4c1f-ccb8-32b8
MSTI RegRoot/IRPC           :4096.4c1f-cc0d-76bc / 200000
MSTI RootPortId:128.2
Master Bridge               :32768.4c1f-cc0d-76bc
Cost to Master              :200000
TC received                 :4
TC count per hello          :0
Time since last TC          :0 days 0h:7m:32s
Number of TC                :4
```

Last TC occurred	:Ethernet0/0/2

----[Port1(Ethernet0/0/1)][DISCARDING]----

Port Role	:Alternate Port
Port Priority	:128
Port Cost(Dot1T)	:Config=auto / Active=200000
Designated Bridge/Port	:8192.4c1f-cc87-1de7 / 128.3
Port Times	:RemHops 19
TC or TCN send	:1
TC or TCN received	:2

----[Port2(Ethernet0/0/2)][FORWARDING]----

Port Role	:Root Port
Port Priority	:128
Port Cost(Dot1T)	:Config=auto / Active=200000
Designated Bridge/Port	:4096.4c1f-cc0d-76bc / 128.3
Port Times	:RemHops 20
TC or TCN send	:2
TC or TCN received	:2

(6) 查看负载均衡：

[A]dis stp brief

MSTID	Port	Role	STP State	Protection
0	Ethernet0/0/2	ROOT	FORWARDING	NONE
0	Ethernet0/0/3	DESI	FORWARDING	NONE
1	Ethernet0/0/2	DESI	FORWARDING	NONE
1	Ethernet0/0/3	DESI	FORWARDING	NONE
2	Ethernet0/0/2	ROOT	FORWARDING	NONE
2	Ethernet0/0/3	DESI	FORWARDING	NONE

[B]dis stp brief

MSTID	Port	Role	STP State	Protection
0	Ethernet0/0/1	DESI	FORWARDING	NONE
0	Ethernet0/0/3	DESI	FORWARDING	NONE
1	Ethernet0/0/1	ROOT	FORWARDING	NONE
1	Ethernet0/0/3	DESI	FORWARDING	NONE
2	Ethernet0/0/1	DESI	FORWARDING	NONE
2	Ethernet0/0/3	DESI	FORWARDING	NONE

[C]dis stp brief

MSTID	Port	Role	STP State	Protection

0	Ethernet0/0/1	ALTE	DISCARDING	NONE
0	Ethernet0/0/2	ROOT	FORWARDING	NONE
1	Ethernet0/0/1	ROOT	FORWARDING	NONE
1	Ethernet0/0/2	ALTE	DISCARDING	NONE
2	Ethernet0/0/1	ALTE	DISCARDING	NONE
2	Ethernet0/0/2	ROOT	FORWARDING	NONE

交换机 C 上 VLAN 10、VLAN 20 的流量通过 Ethernet0/0/1 口到交换机 A，VLAN 30、VLAN40 的流量通过 Ethernet0/0/2 口到交换机 B，实现了链路的负载均衡。

本 章 小 结

STP 是通过一种算法，在逻辑上阻塞一些端口，从而把一个环形的结构改变成一个逻辑上的树形结构。

生成树算法的步骤：首先选择根网桥，然后选择根端口，最后选择指定端口。

交换机之间通过 BPDU(桥协议数据单元)来交换网桥 ID、根路径成本等信息。

生成树端口的五种状态：禁用(Disabled)、阻塞(Blocking)、侦听(Listening)、学习(Learning)、转发(Forwarding)。

MSTP 兼容 STP，既可以快速收敛，又提供了数据转发的多个冗余路径，在数据转发的过程中实现 VLAN 数据的负载均衡。

习 题

1. 生成树协议中，选择根网桥依据的原则是 (　　)。

A. 首先比较优先级，然后比较 MAC 地址，越大越好

B. 首先比较优先级，然后比较 MAC 地址，越小越好

C. 首先比较 MAC 地址，然后比较优先级，越大越好

D. 首先比较 MAC 地址，然后比较优先级，越小越好

2. 当 STP 完成选举后，在一个 STP 实例中交换机端口状态描述正确的是 (　　)。

A. 每台交换机上最多只能有 1 个根端口

B. 每台交换机上都存在根端口

C. 每台交换机上最多只能有 1 个指定端口

D. 每台交换机上都存在指定端口

3. 下面是一段华为交换机的配置命令，下列选项中，说法错误的是 (　　)。

[SWB]stp enable

[SWB]stp mode stp

[SWB]stp priority 8192

A. stp priority 命令用来配置交换机的优先级，缺省情况下，交换机的优先级取值为 32 768

B. 交换机的优先级取值范围为 0～32 768，步长为 4096

C. 缺省情况下，华为交换机的运行模式为传统 STP 模式

D. stp enable 用来启动交换机的 STP 功能，缺省情况下，交换机上的 STP 功能处于启用状态

4. 在下列 STP 端口状态中，(   ) 端口状态可以进行 MAC 地址学习。

A. 学习、侦听

B. 阻塞、学习

C. 侦听、转发

D. 转发、学习

5. 在实际的企业生产网络中，我们直接部署的是 MSTP 协议。关于该协议的描述正确的是 (   )。

A. MSTP 是多生成树协议，公有标准，所有的 VLAN 使用一个生成树

B. MSTP 的速度要比 STP 快，并且支持不同的 VLAN 使用不同的生成树

C. MSTP 与 STP 一样，都没有办法实现 2 层数据转发的负载均衡

D. MSTP 的默认优先级与 STP 的默认优先级是不同的，它的优先级为 0

扫码看答案

第 9 章

DHCP 与子网划分

▶ 本章目标

- 理解 DHCP 的工作原理；
- 掌握基于全局的 DHCP 配置的步骤及命令；
- 掌握基于接口的 DHCP 配置的步骤及命令；
- 掌握 DHCP 中继的配置的步骤及命令；
- 理解子网划分的原理；
- 掌握 C 类地址划分。

▶ 问题导向

- 使用 DHCP 的好处有哪些？
- DHCP 客户端首次申请 IP 地址的过程是什么？
- DHCP 中继的作用是什么？
- 为什么要进行子网划分？

9.1　DHCP 的原理

1. DHCP 的使用背景

现在的企业网络中有大量主机或设备需要获取 IP 地址等网络参数，如果采用手工配置，不仅工作量大，容易出错，而且不易管理。例如，有的用户擅自更改参数可能会造成 IP 地址冲突等问题。

如果使用 DHCP(Dynamic Host Configuration Protocol，动态主机配置协议)来分配 IP 地址等网络参数，就可以减少管理员的工作量，避免出错，如图 9.1 所示。

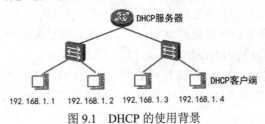

图 9.1　DHCP 的使用背景

2. DHCP 的角色

1) DHCP 客户端

DHCP 客户端是通过 DHCP 协议请求获取 IP 地址等网络参数的设备，如 PC、手机等。

2) DHCP 服务器

DHCP 服务器是负责为 DHCP 客户端分配网络参数的设备或 Windows、Linux 服务器等。

3) DHCP 中继

DHCP 中继是负责转发 DHCP 服务器和 DHCP 客户端之间的 DHCP 报文，协助 DHCP 服务器向 DHCP 客户端动态分配网络参数的设备，如图 9.2 所示。

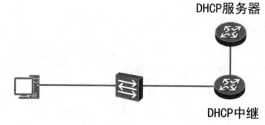

图 9.2　DHCP 的角色

3. DHCP 的工作机制

客户端主机设置使用 DHCP 来获取 IP 地址等网络参数。当客户端首次开机时，客户端获得 IP 地址等网络参数的过程如图 9.3 所示。

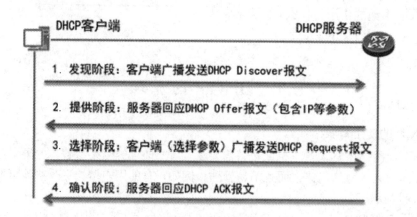

图 9.3　DHCP 工作机制

DHCP 客户端获取到的 IP 地址都有一个租期，租期过期后，DHCP 服务器将回收该 IP 地址。如果 DHCP 客户端想继续使用该 IP 地址，则必须更新租期。例如，当租期限过了一半后，DHCP 客户端会发送 DHCP Renew 报文来续约租期。

DHCP 客户端在成功获取 IP 地址后，可以通过发送 DHCP Release 报文释放自己的 IP 地址，DHCP 服务器收到 DHCP Release 报文后，会回收相应的 IP 地址并重新分配。

9.2　DHCP 的配置

9.2.1　DHCP 的基本配置

1. DHCP 配置基础

在配置 DHCP 之前，首先要做好 DHCP 服务规划。

1) 服务器的规划

合理规划 VLAN，确保同一 VLAN 内仅有一台 DHCP Server 能收到此 VLAN 内的客户端的 DHCP 请求。

2) IP 地址的规划

确定 DHCP Server 可供自动分配的 IP 地址的范围，以及不参与自动分配的 IP 地址。

3) 租期的规划

合理规划租期，在缺省情况下，IP 地址的租期设置为 1 天。

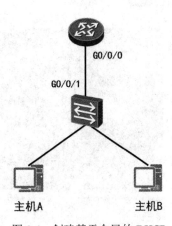

微课视频 016

2. 创建基于全局的 DHCP 配置

如图 9.4 所示，在路由器上配置基于全局的 DHCP 服务，规划如下：

(1) 地址池：192.168.1.0/24。

(2) 网关：192.168.1.254。

(3) DNS：8.8.8.8。

(4) 租期：3 天。

配置的步骤及命令如下：

(1) 在路由器上配置 DHCP：

图 9.4　创建基于全局的 DHCP

```
[Huawei]sysname dhcp
[dhcp]ip pool pool_tedu          //建立地址池并命名
[dhcp-ip-pool-pool_tedu]network 192.168.1.0 mask 24
[dhcp-ip-pool-pool_tedu]gateway-list 192.168.1.254
[dhcp-ip-pool-pool_tedu]dns-list 8.8.8.8
[dhcp-ip-pool-pool_tedu]lease day 3          //设置 DHCP 租约为 3 天
```

(2) 开启 DHCP 功能：

```
[dhcp]dhcp enable
```

(3) 在接口上启用 DHCP：

```
[dhcp]int g0/0/0
[dhcp-GigabitEthernet0/0/0]ip add 192.168.1.254 24
[dhcp-GigabitEthernet0/0/0]dhcp select global          //接口下启用 DHCP 功能
```

(4) 配置客户端：主机 A 的配置如图 9.5 所示。

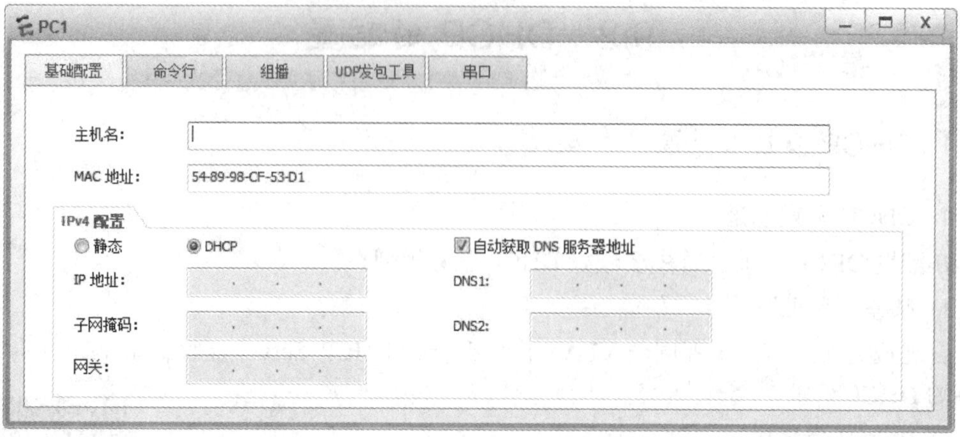

图 9.5　客户端配置 DHCP

主机 B 的配置与主机 A 的类似。

(5) 验证：查看主机 A 获取的网络参数，如图 9.6 所示。

图 9.6　客户端获取到参数

同样查看主机 B 获取的网络参数，验证主机 A 可以 ping 通主机 B。

3. 创建基于接口的 DHCP 配置

如图 9.7 所示，在路由器上配置基于接口的 DHCP 服务，规划如下：

(1) 地址池：192.168.1.0/24。

(2) 网关：192.168.1.254。

(3) DNS：8.8.8.8。

(4) 租期：3 天。

(5) 保留地址：192.168.1.200、192.168.1.253。

配置的步骤及命令如下：

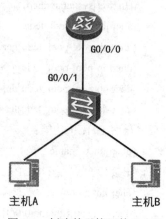

图 9.7　创建基于接口的 DHCP

(1) 开启 DHCP 功能：

```
[Huawei]sysname dhcp
[dhcp]dhcp enable
```

(2) 在接口上启用 DHCP：

```
[dhcp]int g0/0/0
[dhcp-GigabitEthernet0/0/0]ip add 192.168.1.254 24
[dhcp-GigabitEthernet0/0/0]dhcp select interface        //接口下启用 DHCP 功能
[dhcp-GigabitEthernet0/0/0]dhcp server dns-list 8.8.8.8
[dhcp-GigabitEthernet0/0/0]dhcp server lease day 3
[dhcp-GigabitEthernet0/0/0]dhcp server excluded-ip-address 192.168.1.200 192.168.1.253 //设置保留地址
```

(3) 配置客户端：主机 A 的配置如图 9.8 所示。

PC1
基础配置
命令行
组播
UDP发包工具
串口
主机名:
MAC 地址:
54-89-98-CF-53-D1
IPv4 配置
静态
DHCP
自动获取 DNS 服务器地址
IP 地址:
DNS1:
子网掩码:
DNS2:
网关:

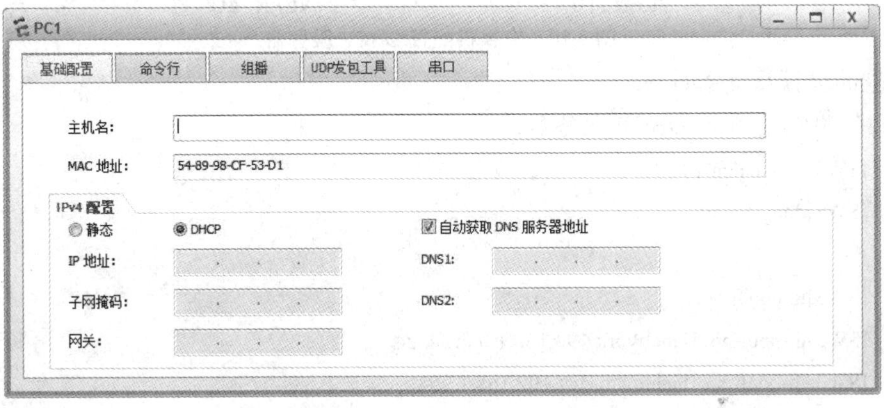

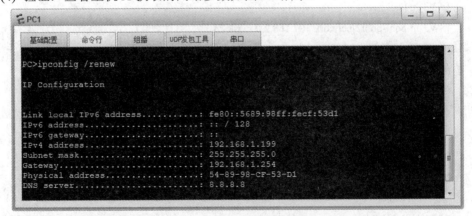

图 9.8　客户端配置 DHCP

主机 B 的配置与主机 A 的类似。

(4) 验证：查看主机 A 获取的网络参数如图 9.9 所示。

PC1
基础配置
命令行
组播
UDP发包工具
串口
PC>ipconfig /renew
IP Configuration
Link local IPv6 address...........: fe80::5689:98ff:fecf:53d1
IPv6 address......................: :: / 128
IPv6 gateway......................: ::
IPv4 address......................: 192.168.1.199
Subnet mask.......................: 255.255.255.0
Gateway...........................: 192.168.1.254
Physical address..................: 54-89-98-CF-53-D1
DNS server........................: 8.8.8.8

图 9.9　客户端获取的网络参数

同样查看主机 B 获取的网络参数，验证主机 A 可以 ping 通主机 B。

4. 在交换机上配置 DHCP 服务器

如图 9.10 所示，在交换机上配置 DHCP 服务器，规划如下：

(1) 配置两个地址池：192.168.1.0/24 和 192.168.2.0/24。

(2) 配置两个 VLAN：VLAN 10 和 VLAN 20。

(3) 将四台主机分别加入 VLAN。

(4) 四台主机自动获取 IP 地址，确保全网互通。

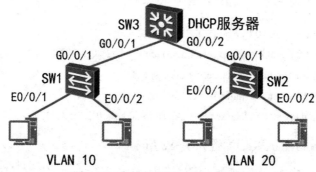

图 9.10　交换机配置 DHCP 服务器

配置的步骤及命令如下：

(1) 在 SW3 上配置 DHCP 服务器：

　　[SW3]vlan batch 10 20

　　[SW3]dhcp enable

　　[SW3]ip pool pool1

　　[SW3-ip-pool-pool1]network 192.168.1.0 mask 24

　　[SW3-ip-pool-pool1]gateway-list 192.168.1.254

　　[SW3-ip-pool-pool1]dns-list 8.8.8.8

　　[SW3-ip-pool-pool1]lease day 3

　　[SW3]ip pool pool2

　　[SW3-ip-pool-pool2]network 192.168.2.0 mask 24

　　[SW3-ip-pool-pool2]gateway-list 192.168.2.254

　　[SW3-ip-pool-pool2]dns-list 8.8.8.8

　　[SW3-ip-pool-pool2]lease day 3

　　[SW3]int Vlanif 10

　　[SW3-Vlanif10]ip add 192.168.1.254 24

　　[SW3-Vlanif10]dhcp select global

　　[SW3]int Vlanif20

　　[SW3-Vlanif20]ip add 192.168.2.254 24

　　[SW3-Vlanif20]dhcp select global

　　　　[SW3]int g0/0/1

　　　　[SW3-GigabitEthernet0/0/1]port link-type trunk

　　　　[SW3-GigabitEthernet0/0/1]port trunk allow-pass vlan all

　　　　[SW3]int g0/0/2

　　　　[SW3-GigabitEthernet0/0/2]port link-type trunk

　　　　[SW3-GigabitEthernet0/0/2]port trunk allow-pass vlan all

　(2)　在 SW1 上配置 VLAN 及 Trunk：

　　　　[SW1]vlan batch 10 20

　　　　[SW1]int e0/0/1

　　　　[SW1-Ethernet0/0/1]port link-t access

　　　　[SW1-Ethernet0/0/1]port default vlan 10

　　　　[SW1]int e0/0/2

　　　　[SW1-Ethernet0/0/2]port link-t access

　　　　[SW1-Ethernet0/0/2]port default vlan 10

　　　　[SW1]int g0/0/1

　　　　[SW1-GigabitEthernet0/0/1]port link-type trunk

　　　　[SW1-GigabitEthernet0/0/1]port trunk allow-pass vlan all

　(3)　在 SW2 上配置 VLAN 及 Trunk：

　　　　[SW2]vlan batch 10 20

　　　　[SW2]int e0/0/1

　　　　[SW2-Ethernet0/0/1]port link-t access

　　　　[SW2-Ethernet0/0/1]port default vlan20

　　　　[SW2]int e0/0/2

　　　　[SW2-Ethernet0/0/2]port link-t access

　　　　[SW2-Ethernet0/0/2]port default vlan20

　　　　[SW2]int g0/0/1

　　　　[SW2-GigabitEthernet0/0/1]port link-type trunk

　　　　[SW2-GigabitEthernet0/0/1]port trunk allow-pass vlan all

　(4)　配置客户端：客户端的配置如图 9.11 所示。

　(5)　验证。

　　四台主机获取的 IP 地址分别为 192.168.1.253、192.168.1.252、192.168.2.253、192.168.2.252。四台主机均可以互相 ping 通。

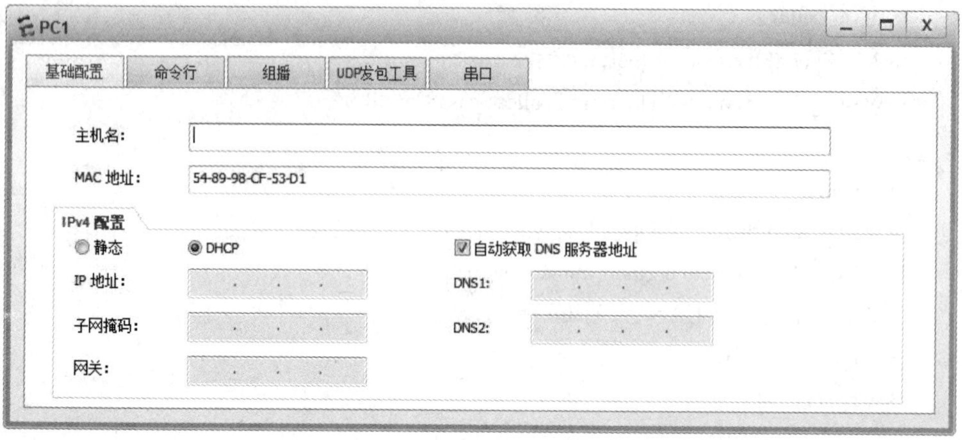

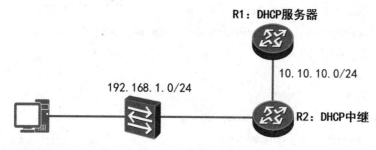

图 9.11　客户端配置 DHCP

9.2.2　DHCP 中继的配置

1. DHCP 中继

当 DHCP 客户端与 DHCP 服务器分别位于不同的网段时，就需要 DHCP 中继来转发 DHCP 服务器和 DHCP 客户端之间的 DHCP 报文，使 DHCP 客户端可以跨网段从 DHCP 服务器获取地址，如图 9.12 所示。

图 9.12　DHCP 中继

2. DHCP 中继的配置

配置 DHCP 服务器和 DHCP 中继，让客户端从 DHCP 服务器获取地址，并可以 ping 通 R1，如图 9.13 所示。

微课视频 017

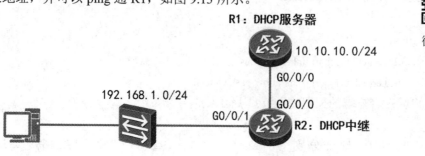

图 9.13　DHCP 中继配置

配置的步骤及命令如下：

(1) 配置接口及静态路由：

　　[R1]interface GigabitEthernet 0/0/0

　　[R1-GigabitEthernet0/0/0]ip address 10.10.10.1　24

　　　[R2]interface GigabitEthernet 0/0/0

　　[R2-GigabitEthernet0/0/0]ip address 10.10.10.2　24

　　[R2]interface GigabitEthernet 0/0/1

　　[R2-GigabitEthernet0/0/1]ip address 192.168.1.254　24

　　　[R1]ip route-static 192.168.1.0 24 10.10.10.2

(2) 在 R1 上配置 DHCP 地址池，启用 DHCP：

　　[R1]ip pool tedu

　　[R1-ip-pool-tedu]network 192.168.1.0 mask 255.255.255.0

　　[R1-ip-pool-tedu]gateway-list 192.168.1.254

　　[R1-ip-pool-tedu]dns-list 8.8.8.8

　　[R1-ip-pool-tedu]excluded-ip-address 192.168.1.200

　　　[R1]dhcp enable

　　[R1]interface GigabitEthernet 0/0/0

　　[R1-GigabitEthernet0/0/0]dhcp select global　　　　　//基于全局的 DHCP

(3) 在 R2 上配置 DHCP 中继：

　　[R2]dhcp enable

　　[R2]interface GigabitEthernet 0/0/1

　　[R2-GigabitEthernet0/0/1]dhcp select relay　　　　//在接口 G0/0/1 上应用 DHCP 中继功能

　　[R2-GigabitEthernet0/0/1]dhcp relay server-ip 10.10.10.1

　　　　　　　　　　　　　　　　　　　　//指向 DHCP 服务器的 IP 地址

(4) 配置客户端：客户端的配置如图 9.14 所示。

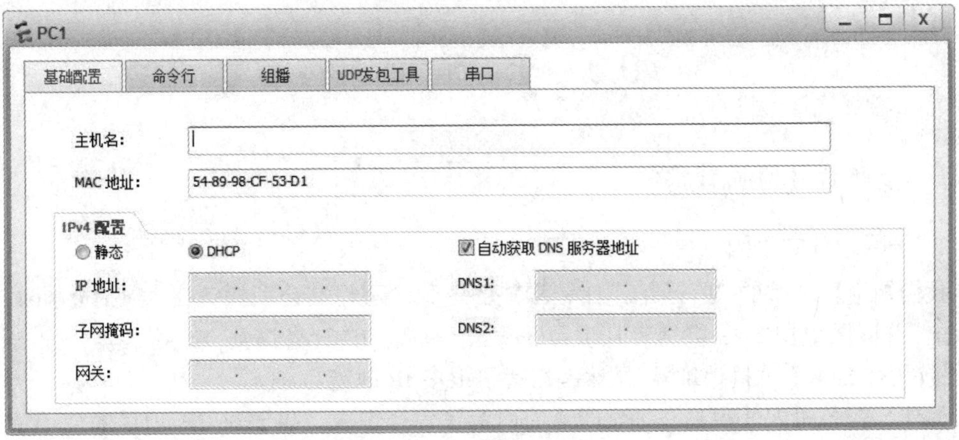

图 9.14　客户端配置 DHCP

(5) 验证。查看客户端获取的网络参数，如图 9.15 所示。

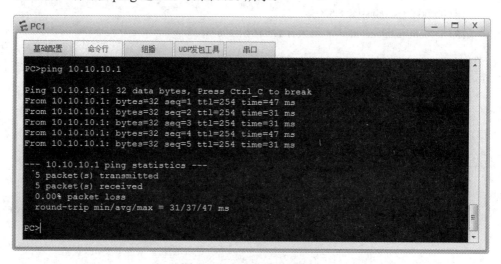

图 9.15 客户端获取的网络参数

验证客户端可以 ping 通 R1，如图 9.16 所示。

图 9.16 客户端 ping 通 R1

9.3 子 网 划 分

9.3.1 子网划分的原理

1. 子网划分的原因

我们知道，公网的 IP 地址是比较稀缺的资源。假设某公司托管在 IDC(Internet Date Center，互联网数据中心)机房有几十台服务器，如果 IDC 为这几十台服务器分配一个 C 类地址(共有 254 个主机地址)，显然就浪费了很多 IP 地址。

另外，在公司内使用私有地址时，有时为了安全考虑，也要对 IP 地址的使用情况进行控制。例如，两台设备互联，通常在互联的网段上只保留两个可用的 IP 地址。

为了更好地使用 IP 地址，可以把 IP 地址进一步划分为更小的网络，即子网划分。

2. 子网划分的原理

举例来说，如果要把 192.168.1.0/24 分割成四个小网段，该怎么做呢？

做法是将主机位的一部分划分到网络位，分割成四个小网段需要将两位主机位划分到网络位(两位有四种变化 00、01、10、11)，如图 9.17 所示。划分完子网后，就可以计算出每个子网的子网地址、有效主机地址、子网广播地址和子网掩码了。

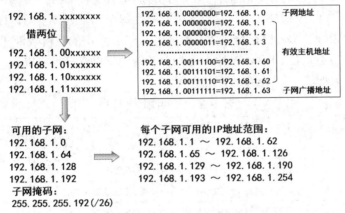

图 9.17　子网划分的原理

采用同样的做法，使用/25、/26、/27、/28、/29、/30 对 C 类地址划分子网的情况如表 9-1 所示。

表 9-1　子网掩码及相关参数对应表

子网掩码	子网数	主机数	可用主机数
/25	2	128	126
/26	4	64	62
/27	8	32	30
/28	16	16	14
/29	32	8	6
/30	64	4	2

划分子网后的子网数和主机数可以总结为以下公式来计算：

$$子网数 = 2^n$$
$$主机数 = 2^{8-n}$$

其中，n 为借的位数。

例如，掩码是/27，n = 27 − 24 = 3，那么子网数 = 2^3 = 8，主机数 = 2^{8-3} = 32，可用主机数 = 32 − 2 = 30。

经过子网划分后，IP 地址的子网掩码不再是具有标准 IP 地址的掩码。因此，IP 地址可以分为两类：有类地址和无类地址。

(1) 有类地址：标准的 IP 地址(A、B、C 三类)属于有类地址。A 类地址掩码是 8 位，B 类地址掩码是 16 位，C 类地址掩码是 24 位，都属于有类地址。

(2) 无类地址：对 IP 地址进行子网划分，划分后的 IP 地址不再具有有类地址的特征，这些地址称为无类地址。

9.3.2　子网划分的应用

1. 企业应用实例

某分公司共有生产部、市场部、财务部、客服部四个部门，其中，生产部有主机 42 台，市场部有主机 53 台，财务部有主机 8 台，客服部有主机 24 台。若总公司为该分公司分配了一个 C 类地址 192.168.156.0/24，分公司要为每个部门划分子网，该如何划分呢？

为四个部门划分子网，根据公式 $2^n = 4$ 得出 $n = 2$。可用的主机数为 $2^6 - 2 = 62$，每个部门的主机数最多不超过 60 台，按照上述划分子网操作可以满足要求。

子网划分结果如表 9-2 所示。

表 9-2　子网划分(1)

部门	子网	子网掩码	有效主机数
生产部	192.168.156.0/26	255.255.255.192	62
市场部	192.168.156.64/26	255.255.255.192	62
财务部	192.168.156.128/26	255.255.255.192	62
客服部	192.168.156.192/26	255.255.255.192	62

有时候需要更加灵活地划分子网，即一个网络可以划分为不同掩码的子网。

在上面的例子中，如果生产部有主机 53 台，市场部有主机 95 台，财务部有主机 8 台，客服部有主机 24 台，应该如何划分子网呢？

根据各部门不同的主机数来划分子网，划分结果如表 9-3 所示。

表 9-3　子网划分(2)

部门	子网	子网掩码	有效主机数
市场部	192.168.156.0/25	255.255.255.128	126
生产部	192.168.156.128/26	255.255.255.192	62
财务部	192.168.156.192/27	255.255.255.224	30
客服部	192.168.156.224/27	255.255.255.224	30

当一个网络需要使用不止一个子网掩码时，就是使用了可变长子网掩码(Variable- Length Subnet Masks，VLSM)技术。VLSM 允许把子网继续划分为新的子网，如图 9.18 所示。

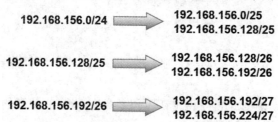

图 9.18　VLSM

在网络发展的早期还没有开发 VLSM 技术之前，一个子网掩码只能提供给一个网络，这样就限制了某些应用的子网划分。

2. 子网划分与 VLAN 配置实例

公司网段是 192.168.22.0/24，生产部 VLAN1 有主机 50 台，市场部 VLAN2 有 90 台主机，财务部 VLAN3 有 15 台主机，客服部 VLAN4 有 26 台主机，要求划分子网来实现网络互通，如图 9.19 所示。

微课视频 018

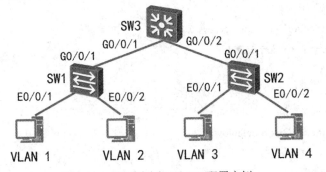

图 9.19　子网划分与 VLAN 配置实例

配置的步骤及命令如下：

(1) 子网划分：子网划分结果如表 9-4 所示。

表 9-4　子网划分

部门	子网	子网掩码	主机范围	有效主机数
市场部	192.168.22.0/25	255.255.255.128	1～126	126
生产部	192.168.22.128/26	255.255.255.192	129～190	62
财务部	192.168.22.192/27	255.255.255.224	193～222	30
客服部	192.168.22.224/27	255.255.255.224	225～254	30

(2) SW3 配置：

```
[SW3]vlan batch 2 to 4

 [SW3]int Vlanif 1
[SW3-Vlanif1]ip add 192.168.22.190 26
[SW3]int Vlanif2
[SW3-Vlanif2]ip add 192.168.22.126 25
[SW3]int Vlanif3
[SW3-Vlanif3]ip add 192.168.22.222 27
[SW3]int Vlanif4
[SW3-Vlanif4]ip add 192.168.22.254 27

 [SW3]int g0/0/1
[SW3-GigabitEthernet0/0/1]port link-type trunk
[SW3-GigabitEthernet0/0/1]port trunk allow-pass vlan all

 [SW3]int g0/0/2
```

[SW3-GigabitEthernet0/0/2]port link-type trunk

[SW3-GigabitEthernet0/0/2]port trunk allow-pass vlan all

(3) 在 SW1 配置 VLAN 及 Trunk：

[SW1]vlan batch 2 to 4

[SW1]int e0/0/1

[SW1-Ethernet0/0/1]port link-t access

[SW1-Ethernet0/0/1]port default vlan 1

[SW1]int e0/0/2

[SW1-Ethernet0/0/2]port link-t access

[SW1-Ethernet0/0/2]port default vlan 2

[SW1]int g0/0/1

[SW1-GigabitEthernet0/0/1]port link-type trunk

[SW1-GigabitEthernet0/0/1]port trunk allow-pass vlan all

(4) 在 SW2 配置 VLAN 及 Trunk：

[SW2]vlan batch 2 to 4

[SW2]int e0/0/1

[SW2-Ethernet0/0/1]port link-t access

[SW2-Ethernet0/0/1]port default vlan 3

 [SW2]int e0/0/2

[SW2-Ethernet0/0/2]port link-t access

[SW2-Ethernet0/0/2]port default vlan 4

[SW2]int g0/0/1

[SW2-GigabitEthernet0/0/1]port link-type trunk

[SW2-GigabitEthernet0/0/1]port trunk allow-pass vlan all

(5) 配置客户端：VLAN 1 主机的配置内容，如图 9.20 所示。

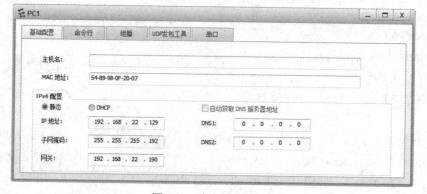

图 9.20　客户端配置(1)

VLAN 2 主机的配置内容，如图 9.21 所示。

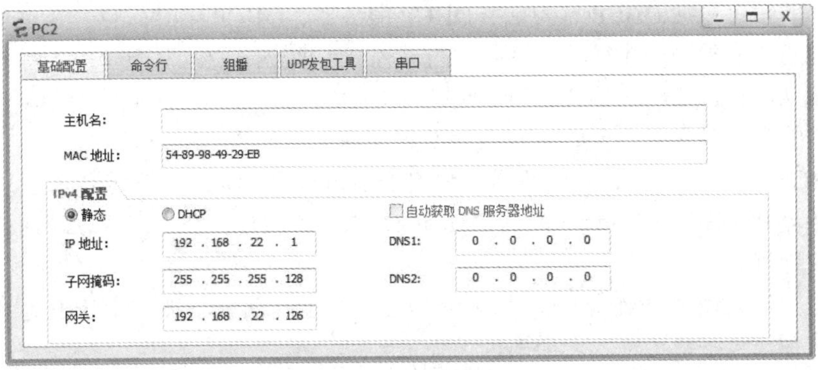

PC2

基础配置　命令行　组播　UDP发包工具　串口

主机名：

MAC 地址： 54-89-98-49-29-EB

IPv4 配置
◉ 静态　　○ DHCP　　　　　　　□ 自动获取 DNS 服务器地址

IP 地址： 192 . 168 . 22 . 1　　　　DNS1： 0 . 0 . 0 . 0

子网掩码： 255 . 255 . 255 . 128　　DNS2： 0 . 0 . 0 . 0

网关： 192 . 168 . 22 . 126

图 9.21　客户端配置(2)

VLAN 3 主机的配置内容，如图 9.22 所示。

PC3

基础配置　命令行　组播　UDP发包工具　串口

主机名：

MAC 地址： 54-89-98-D8-68-04

IPv4 配置
◉ 静态　　○ DHCP　　　　　　　□ 自动获取 DNS 服务器地址

IP 地址： 192 . 168 . 22 . 193　　DNS1： 0 . 0 . 0 . 0

子网掩码： 255 . 255 . 255 . 224　　DNS2： 0 . 0 . 0 . 0

网关： 192 . 168 . 22 . 222

图 9.22　客户端配置(3)

VLAN 4 主机的配置内容，如图 9.23 所示。

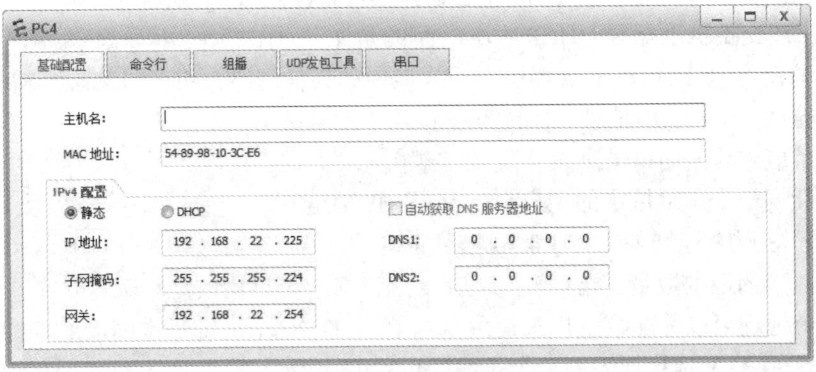

PC4

基础配置　命令行　组播　UDP发包工具　串口

主机名：

MAC 地址： 54-89-98-10-3C-E6

IPv4 配置
◉ 静态　　○ DHCP　　　　　　　□ 自动获取 DNS 服务器地址

IP 地址： 192 . 168 . 22 . 225　　DNS1： 0 . 0 . 0 . 0

子网掩码： 255 . 255 . 255 . 224　　DNS2： 0 . 0 . 0 . 0

网关： 192 . 168 . 22 . 254

图 9.23　客户端配置(4)

(6) 验证。四台主机均可以互相 ping 通。

本 章 小 结

使用 DHCP(Dynamic Host Configuration Protocol，动态主机配置协议)来分配 IP 地址等网络参数，可以减少管理员的工作量，避免出错。

DHCP 的角色包括 DHCP 客户端、DHCP 服务器、DHCP 中继。

客户端首次获得 IP 地址等网络参数的过程分为四个阶段：发现阶段、提供阶段、选择阶段、确认阶段。

DHCP 的配置分为基于全局的 DHCP 配置和基于接口的 DHCP 配置。

当 DHCP 客户端与 DHCP 服务器分别位于不同的网段时，就需要 DHCP 中继来转发 DHCP 服务器和 DHCP 客户端之间的 DHCP 报文，使 DHCP 客户端可以跨网段从 DHCP 服务器获取地址。

为了更灵活地使用 IP 地址，需要对 IP 地址进行子网划分，划分后的 IP 地址不再具有类地址的特征，这些地址称为无类地址。

在子网划分的过程中使用了 VLSM(可变长子网掩码)技术，VLSM 允许在同一个网络中使用多个子网掩码，所以子网可以继续划分为新的子网。

习　题

1. 以下（　　）不是 DHCP 服务器和客户机之间发送的数据包。

A. DHCP discover　　　　　　　　　　B. DHCP offer

C. DHCP reply　　　　　　　　　　　　D. DHCP ack

2. 关于 DHCP 的配置过程，描述错误的是（　　）。

A. 需要配置终端来自动获取 IP 地址

B. DHCP 服务器需要启用 DHCP 功能

C. DHCP 服务器需要配置接收 DHCP 报文接口的 select 方式

D. 一个 3 层接口上能配置 DHCP 的选择模式只能是 relay 或者 global

3. 在三层交换机上配置 DHCP 中继的目的是（　　）。

A. 能够使得非 DHCP 服务器所在广播域中的其他网络主机可以动态获得 IP 地址

B. 只能动态获得 IP 地址，不能获得该网络的网关

C. 为了能够让网络中的主机实现域名解析

D. 能让同一个广播域中的主机自动获得 IP 地址

4. 以下关于 IP 地址 192.18.1.0/30 描述正确的是（　　）。

A. 可以用的地址数是 4 个　　　　　　B. 可以用的地址数是 2 个

C. 这个地址可以分配给主机来使用　　D. 这个地址是本网段的广播地址

5. 以下（　　）地址属于同一个子网的可用 IP 地址。

A. 172.46.21.10/20　　　　　　　　　B. 172.46.16.0/20

C. 172.46.18.255/20　　　　　　　　　D. 172.46.32.255/20

扫码看答案

第 10 章

VRRP 与浮动路由

10.1　VRRP 的原理

1. VRRP

在企业网络环境中，如果是在单一网关场景下，则当网关路由器出现故障时，本网段内以该设备为网关的主机都不能与 Internet 进行通信，如图 10.1 所示。

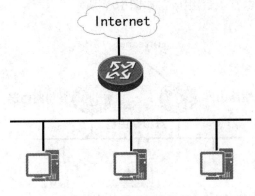

图 10.1　单一网关场景

既然使用单一网关存在缺陷，我们可以通过部署多网关的方式来实现网关的备份，如图 10.2 所示。

但是多网关存在着另外的问题，如果网关使用相同的 IP 地址，则必然造成网关之间 IP 地址冲突；如果网关使用不同的 IP 地址，那么当一台网关发生故障后，另一台网关开始工作时，客户端的主机需要手工修改默认网关，这显然不是一个完美的解决方案。

VRRP 协议(Virtual Router Redundancy Protocol，虚拟路由器冗余协议)由 IETF 标准 RFC 2338 定义，能够在不改变组网的情况下，将多台路由器虚拟成一个虚拟路由器，通过配置虚拟路由器的 IP 地址为默认网关，实现网关的备份。客户端主机只需要配置一个固定的默认网关，就可以自动切换路由器实现备份，如图 10.3 所示。

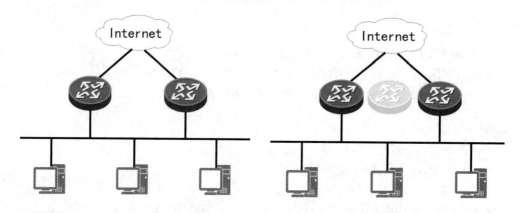

图 10.2　多网关场景　　　　　　　图 10.3　VRRP 的概念

VRRP 协议的版本包括 VRRPv2 和 VRRPv3。其中，VRRPv2 版本仅适用于 IPv4 网络，VRRPv3 版本适用于 IPv4 和 IPv6 两种网络。本书介绍 VRRPv2 版本。

微课视频 019

2. VRRP 的工作机制

VRRP 虚拟(Virtual)路由器又称 VRRP 备份组，由主(Master)路由器、备份(Backup)路由器(可以有多台)组成，如图 10.4 所示。

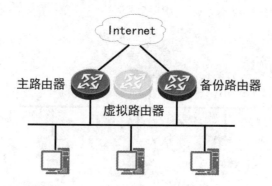

图 10.4　VRRP 备份组

图 10.4 中，各路由器的功能如下：

(1) 主路由器的功能是转发虚拟路由器收到的数据包。

(2) 备份路由器的功能是监视 VRRP 组的运行状态，并且当主路由器不能运行时，迅速承担起转发数据包的责任。

(3) 虚拟路由器的功能是向最终用户提供一台可以连续工作的路由器。虚拟路由器有它自己的 IP 地址和 MAC 地址，但并不实际转发数据包。

VRRP 虚拟路由器的 MAC 地址的格式为 00-00-5E-00-01-XX，其中 XX 为 VRRP 组号。例如，如果 VRRP 组号是 47，则其虚拟路由器的 MAC 地址是 00-00-5E-00-01-2F。

VRRP 组内的每台路由器都有指定的优先级(Priority)，其取值范围是 0～255，默认的优先级是 100，通常配置最高优先级的路由器是主路由器。如图 10.5 所示，路由器 A 的优先级为 200，路由器 B 的优先级为 150，路由器 A 是主路由器，负责转发所有到达虚拟 MAC 地址的数据帧。

当路由器 A 发生故障或者与其相连的链路发生故障时，路由器 B 将成为主路由器，其负责转发所有到达虚拟路由器的 MAC 地址的数据帧，从而实现网关的备份，如图 10.6 所示。整个过程对用户是完全透明的。

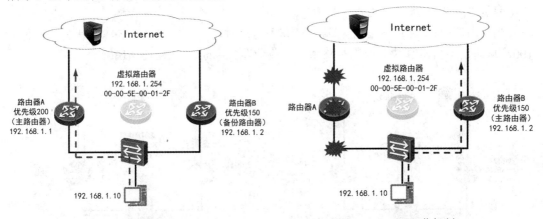

图 10.5　VRRP 工作机制(1)　　　　　图 10.6　VRRP 工作机制(2)

主路由器通过发送 VRRP 协议报文将主路由器的优先级和状态通告给同一备份组中的所有备份路由器。VRRP 协议报文封装在 IP 报文中，通过 VRRP 组播 IP 地址 224.0.0.18 的方式来发送，TTL 默认是 255，协议号默认是 112。

VRRP 通告的发送时间默认为 1 s。VRRP 计时器有一个 Master-Down-Interval 时间，表示如果备份路由器在该计时器超时前没有收到主路由器的 VRRP 通告，则认为主路由器异常，自身成为主路由器。Master-Down-Interval 时间设置是 VRRP 通告发送时间的 3 倍再加上一个偏移时间，其值大于 3 s。

3. VRRP 的状态

VRRP 定义了如下三种状态：

1) Initialize(初始状态)

所有路由器都从初始状态开始，即进程启动后就进入此状态。

2) Backup(备份状态)

在备份状态接收主路由器发送的 VRRP 通告，由此判断主路由器的状态；不响应对虚拟路由器的 IP 地址的 ARP 请求；丢弃发送到虚拟路由器的 MAC 地址和 IP 地址的数据包。

3) Master(活动状态)

在活动状态，定期发送 VRRP 通告；响应对虚拟 IP 地址的 ARP 请求；转发目的地址是虚拟路由器的 MAC 地址的 IP 数据包。

4. VRRP 的抢占模式

当主路由器故障后，备份路由器成为主路由器，那么当原来的主路由器恢复后，如何重新成为主路由器？

华为设备默认开启了抢占模式，使原来的主路由器重新获得转发权，恢复为主路由器。

5. VRRP 上行端口跟踪

图 10.7(a)为网络正常时的情况，路由器 A 的优先级为 200，路由器 B 的优先级为 150，路由器 A 为主路由器。

当路由器 A(主路由器)的上行端口链路不可用时，路由器 A 的 VRRP 优先级降低为 100，从而使路由器 B 快速成为主路由器，避免业务中断，如图 10.7(b)所示。

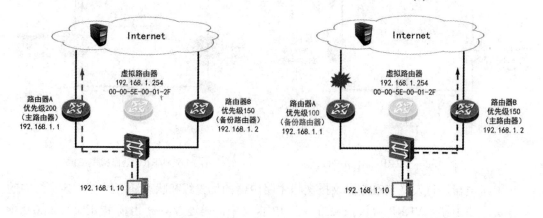

(a) VRRP 上行端口跟踪(1)　　　　　　　　(b) VRRP 上行端口跟踪(2)

图 10.7　VRRP 上行端口跟踪

10.2　VRRP 的配置

在配置 VRRP 之前，我们先来做一个案例分析。

如图 10.8 所示，在三层交换机 LSW1 和 LSW2 上配置了 VRRP，然后分别配置默认路由指向路由器 AR1。因为 LSW1 是主路由器，所以在路由器 AR1 上配置了静态路由指向 LSW1，使外出的数据包能够返回。

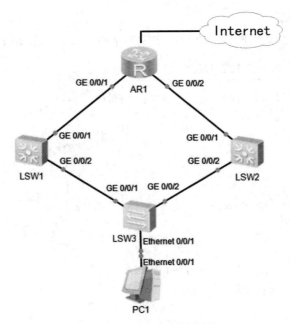

图 10.8　VRRP 案例分析

当主路由器 LSW1 发生故障后,备份路由器 LSW2 成为主路由器,此时数据包从 LSW2 出去,因为在 AR1 上并没有配置静态路由指向 LSW2,所以数据包将无法返回。

10.2.1　浮动路由的原理与配置

1. 浮动路由的原理

单一路由只有最佳的唯一路径,存在明显的局限性,即单点风险,一旦中断则整个链路的通信中断,如图 10.9 所示。

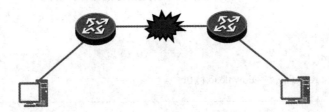

图 10.9　浮动路由原理(1)

浮动路由指的是配置一个优先级低的静态路由,作为应急触发的备份路径,如图 10.10 所示。在主路由有效的情况下,浮动路由不会出现在路由表中。

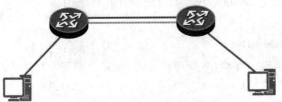

图 10.10　浮动路由原理(2)

2. 浮动路由的配置

要求配置接口 IP 地址并配置浮动路由实现链路的冗余，如图 10.11 所示。

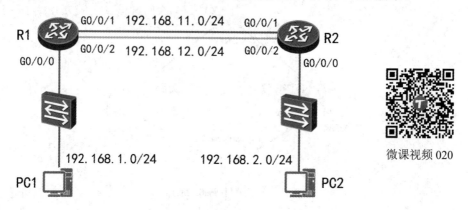

微课视频 020

图 10.11　浮动路由的配置

配置步骤及命令如下：

(1) 配置 R1 路由器：

[R1]int g0/0/0

[R1-GigabitEthernet0/0/0]ip add 192.168.1.254 24

[R1]int g0/0/1

[R1-GigabitEthernet0/0/1]ip add 192.168.11.1 24

[R1]int g0/0/2

[R1-GigabitEthernet0/0/2]ip add 192.168.12.1 24

[R1]ip route-static 192.168.2.0 255.255.255.0 192.168.11.2

[R1]ip route-static 192.168.2.0 255.255.255.0 192.168.12.2 preference 100

　　　　　　　　　　//默认优先级为 60，数值越大，优先级越低

查看路由表如下：

[R1]dis ip ro

Route Flags: R - relay, D - download to fib

Routing Tables: Public

Destinations : 14　　　　Routes : 14

Destination/Mask	Proto	Pre	Cost	Flags	NextHop	Interface
127.0.0.0/8	Direct	0	0	D	127.0.0.1	InLoopBack0
127.0.0.1/32	Direct	0	0	D	127.0.0.1	InLoopBack0
127.255.255.255/32	Direct	0	0	D	127.0.0.1	InLoopBack0
192.168.1.0/24	Direct	0	0	D	192.168.1.254	GigabitEthernet 0/0/0
192.168.1.254/32	Direct	0	0	D	127.0.0.1	GigabitEthernet 0/0/0

192.168.1.255/32	Direct	0	0		D	127.0.0.1	GigabitEthernet 0/0/0
192.168.2.0/24	Static	60	0	RD		192.168.11.2	GigabitEthernet 0/0/1
192.168.11.0/24	Direct	0	0		D	192.168.11.1	GigabitEthernet 0/0/1
192.168.11.1/32	Direct	0	0		D	127.0.0.1	GigabitEthernet 0/0/1
192.168.11.255/32	Direct	0	0		D	127.0.0.1	GigabitEthernet 0/0/1
192.168.12.0/24	Direct	0	0		D	192.168.12.1	GigabitEthernet 0/0/2
192.168.12.1/32	Direct	0	0		D	127.0.0.1	GigabitEthernet 0/0/2
192.168.12.255/32	Direct	0	0		D	127.0.0.1	GigabitEthernet 0/0/2
255.255.255.255/32	Direct	0	0		D	127.0.0.1	InLoopBack0

(2) 配置 R2 路由器：

[R2]int g0/0/0

[R2-GigabitEthernet0/0/0]ip add 192.168.2.254 24

[R2]int g0/0/1

[R2-GigabitEthernet0/0/1]ip add 192.168.11.2 24

[R2]int g0/0/2

[R2-GigabitEthernet0/0/2]ip add 192.168.12.2 24

[R2]ip route-static 192.168.1.0 255.255.255.0 192.168.11.1

[R2]ip route-static 192.168.1.0 255.255.255.0 192.168.12.1 preference 100

查看路由表如下：

[R2]dis ip ro

Route Flags: R - relay, D - download to fib

Routing Tables: Public

Destinations : 14　　　　Routes : 14

Destination/Mask	Proto	Pre	Cost	Flags	NextHop	Interface
127.0.0.0/8	Direct	0	0	D	127.0.0.1	InLoopBack0
127.0.0.1/32	Direct	0	0	D	127.0.0.1	InLoopBack0
127.255.255.255/32	Direct	0	0	D	127.0.0.1	InLoopBack0
192.168.1.0/24	Static	60	0	RD	192.168.11.1	GigabitEthernet 0/0/1
192.168.2.0/24	Direct	0	0	D	192.168.2.254	GigabitEthernet 0/0/0
192.168.2.254/32	Direct	0	0	D	127.0.0.1	GigabitEthernet 0/0/0
192.168.2.255/32	Direct	0	0	D	127.0.0.1	GigabitEthernet 0/0/0
192.168.11.0/24	Direct	0	0	D	192.168.11.2	GigabitEthernet 0/0/1
192.168.11.2/32	Direct	0	0	D	127.0.0.1	GigabitEthernet 0/0/1
192.168.11.255/32	Direct	0	0	D	127.0.0.1	GigabitEthernet 0/0/1
192.168.12.0/24	Direct	0	0	D	192.168.12.2	GigabitEthernet 0/0/2

Destination/Mask	Proto	Pre	Cost	Flags	NextHop	Interface
192.168.12.2/32	Direct	0	0	D	127.0.0.1	GigabitEthernet 0/0/2
192.168.12.255/32	Direct	0	0	D	127.0.0.1	GigabitEthernet 0/0/2
255.255.255.255/32	Direct	0	0	D	127.0.0.1	InLoopBack0

(3) 测试：PC1 可以 ping 通 PC2。断开主链路，PC1 仍然可以 ping 通 PC2。此时分别查看路由表如下：

[R1]dis ip ro

Route Flags: R - relay, D - download to fib

Routing Tables: Public

Destinations : 11　　　　Routes : 11

Destination/Mask	Proto	Pre	Cost	Flags	NextHop	Interface
127.0.0.0/8	Direct	0	0	D	127.0.0.1	InLoopBack0
127.0.0.1/32	Direct	0	0	D	127.0.0.1	InLoopBack0
127.255.255.255/32	Direct	0	0	D	127.0.0.1	InLoopBack0
192.168.1.0/24	Direct	0	0	D	192.168.1.254	GigabitEthernet 0/0/0
192.168.1.254/32	Direct	0	0	D	127.0.0.1	GigabitEthernet 0/0/0
192.168.1.255/32	Direct	0	0	D	127.0.0.1	GigabitEthernet 0/0/0
192.168.2.0/24	Static	100	0	RD	192.168.12.2	GigabitEthernet 0/0/2
192.168.12.0/24	Direct	0	0	D	192.168.12.1	GigabitEthernet 0/0/2
192.168.12.1/32	Direct	0	0	D	127.0.0.1	GigabitEthernet 0/0/2
192.168.12.255/32	Direct	0	0	D	127.0.0.1	GigabitEthernet 0/0/2
255.255.255.255/32	Direct	0	0	D	127.0.0.1	InLoopBack0

[R2]dis ip ro

Route Flags: R - relay, D - download to fib

Routing Tables: Public

Destinations : 11　　　　Routes : 11

Destination/Mask	Proto	Pre	Cost	Flags	NextHop	Interface
127.0.0.0/8	Direct	0	0	D	127.0.0.1	InLoopBack0
127.0.0.1/32	Direct	0	0	D	127.0.0.1	InLoopBack0
127.255.255.255/32	Direct	0	0	D	127.0.0.1	InLoopBack0
192.168.1.0/24	Static	100	0	RD	192.168.12.1	GigabitEthernet 0/0/2
192.168.2.0/24	Direct	0	0	D	192.168.2.254	GigabitEthernet 0/0/0
192.168.2.254/32	Direct	0	0	D	127.0.0.1	GigabitEthernet 0/0/0
192.168.2.255/32	Direct	0	0	D	127.0.0.1	GigabitEthernet 0/0/0
192.168.12.0/24	Direct	0	0	D	192.168.12.2	GigabitEthernet 0/0/2
192.168.12.2/32	Direct	0	0	D	127.0.0.1	GigabitEthernet 0/0/2

| 192.168.12.255/32 | Direct | 0 | 0 | | D | 127.0.0.1 | GigabitEthernet 0/0/2 |
| 255.255.255.255/32 | Direct | 0 | 0 | | D | 127.0.0.1 | InLoopBack0 |

10.2.2　VRRP 配置案例

1．VRRP 配置步骤

VRRP 的基本配置步骤如下：

(1) 创建 VRRP 备份组。

(2) 配置 VRRP 的优先级(默认 100)。

(3) 配置 VRRP 抢占模式(默认开启)。

(4) 配置 VRRP 的时间参数。

(5) 配置 VRRP 端口跟踪。

(6) 查看 VRRP 信息。

2．主备模式的 VRRP 配置案例

要求配置 VRRP 和浮动路由来实现 PC1 访问外网的网关冗余备份，LSW1 为主路由器，LSW2 为备份路由器，如图 10.12 所示。

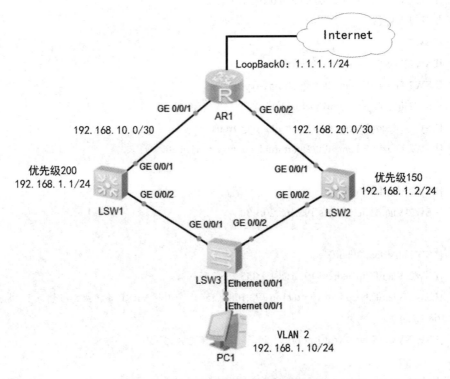

图 10.12　主备模式的 VRRP 配置案例(1)

配置的步骤及命令如下：

(1) 配置 LSW1：

　　[LSW1]vlan 2

　　[LSW1]interface GigabitEthernet0/0/1

[LSW1-GigabitEthernet0/0/1]port link-type access

[LSW1]interface GigabitEthernet0/0/2

[LSW1-GigabitEthernet0/0/2]port link-type trunk

[LSW1-GigabitEthernet0/0/2]port trunk allow-pass vlan all

[LSW1]interface Vlanif1

[LSW1-Vlanif1]ip address 192.168.10.1 30

[LSW1]interface Vlanif2

[LSW1-Vlanif2]ip address 192.168.1.1 255.255.255.0

[LSW1-Vlanif2]vrrp vrid 1 virtual-ip 192.168.1.254   //创建 VRRP 备份组, 组号为 1, 虚拟 IP 为
192.168.1.254

[LSW1-Vlanif2]vrrp vrid 1 priority 200   //配置优先级为 200

[LSW1-Vlanif2]vrrp vrid 1 preempt-mode timer delay 20   //配置主路由器延时抢占时间 20 秒

[LSW1-Vlanif2]vrrp vrid 1 track interface GigabitEthernet0/0/1 reduced 100   //配置上行端口跟踪,
当 GigabitEthernet0/0/1 状态 Down 时, 优先级降低 100, 要确保降低后的优先级低于备份路由器的
优先级

[LSW1]ip route-static 0.0.0.0 0.0.0.0 192.168.10.2

(2) 配置 LSW2:

[LSW2]vlan 2

[LSW2]interface GigabitEthernet0/0/1

[LSW2-GigabitEthernet0/0/1]port link-type access

[LSW2]interface GigabitEthernet0/0/2

[LSW2-GigabitEthernet0/0/2]port link-type trunk

[LSW2-GigabitEthernet0/0/2]port trunk allow-pass vlan all

[LSW2]interface Vlanif1

[LSW2-Vlanif1]ip address 192.168.20.1 30

[LSW2]interface Vlanif2

[LSW2-Vlanif2]ip address 192.168.1.2 255.255.255.0

[LSW2-Vlanif2]vrrp vrid 1 virtual-ip 192.168.1.254   //创建 VRRP 备份组, 组号为 1, 虚拟 IP 为
192.168.1.254

[LSW2-Vlanif2]vrrp vrid 1 priority 150   //配置优先级为 150

[LSW2]ip route-static 0.0.0.0 0.0.0.0 192.168.20.2

(3) 配置 LSW3:

[LSW3]vlan 2

[LSW3]interface GigabitEthernet0/0/1

[LSW3-GigabitEthernet0/0/1]port link-type trunk

[LSW3-GigabitEthernet0/0/1]port trunk allow-pass vlan all

[LSW3]interface GigabitEthernet0/0/2

[LSW3-GigabitEthernet0/0/2]port link-type trunk

[LSW3-GigabitEthernet0/0/2]port trunk allow-pass vlan all

[LSW3]interface Ethernet0/0/1

[LSW3-Ethernet0/0/1]port link-type access

[LSW3-Ethernet0/0/1]port default vlan 2

(4) 配置 AR1：

[AR1]interface GigabitEthernet0/0/1

[AR1-GigabitEthernet0/0/1]ip address 192.168.10.2 30

[AR1]interface GigabitEthernet0/0/2

[AR1-GigabitEthernet0/0/2]ip address 192.168.20.2 30

[AR1]interface LoopBack0

[AR1-LoopBack0]ip address 1.1.1.1 255.255.255.0

[AR1]ip route-static 192.168.1.0 255.255.255.0 192.168.10.1

[AR1]ip route-static 192.168.1.0 255.255.255.0 192.168.20.1 preference 100　　//配置浮动路由

(5) 查看 VRRP 信息：

<LSW1>dis vrrp//查看详细信息

　　Vlanif2 | Virtual Router 1

State :Master

　　　　Virtual IP : 192.168.1.254

　　　　Master IP : 192.168.1.1

PriorityRun :200

PriorityConfig : 200

MasterPriority : 200

Preempt : YES　　　Delay Time : 20 s

TimerRun : 1 s

TimerConfig : 1 s

Authtype : NONE

　　　　Virtual MAC : 0000-5e00-0101

　　　　Check TTL : YES

Configtype : normal-vrrp

　　　　Track IF :GigabitEthernet0/0/1　　　Priority reduced : 100

　　　　IF state : UP

　　　　Create time : 2018-04-09 19:12:37 UTC-08:00

　　　　Last change time : 2018-04-09 19:21:02 UTC-08:00

<LSW1>dis vrrp bri//查看概要信息

VRID	State	Interface	Type	Virtual IP
1	Master	Vlanif2	Normal	192.168.1.254

Total:1   Master:1   Backup:0   Non-active:0

<LSW2>dis vrrp//查看详细信息
    Vlanif2 | Virtual Router 1
State :Backup
    Virtual IP :192.168.1.254
    Master IP : 192.168.1.1
PriorityRun :150
PriorityConfig : 150
MasterPriority : 200
Preempt : YES   Delay Time : 0 s
TimerRun : 1 s
TimerConfig : 1 s
Authtype : NONE
    Virtual MAC : 0000-5e00-0101
    Check TTL : YES
Configtype : normal-vrrp
    Create time : 2018-04-09 19:20:13 UTC-08:00
    Last change time : 2018-04-09 19:21:03 UTC-08:00
<LSW2>dis vrrp bri//查看概要信息

VRID	State	Interface	Type	Virtual IP
1	Backup	Vlanif2	Normal	192.168.1.254

Total:1   Master:0   Backup:1   Non-active:0
查看路由表如下:
<AR1>dis ip ro
Route Flags: R - relay, D - download to fib

Routing Tables: Public
Destinations : 14   Routes : 14

Destination/Mask	Proto	Pre	Cost	Flags	NextHop	Interface
1.1.1.0/24	Direct	0	0	D	1.1.1.1	LoopBack0
1.1.1.1/32	Direct	0	0	D	127.0.0.1	LoopBack0

Destination/Mask	Proto	Pre	Cost	Flags	NextHop	Interface
1.1.1.255/32	Direct	0	0	D	127.0.0.1	LoopBack0
127.0.0.0/8	Direct	0	0	D	127.0.0.1	InLoopBack0
127.0.0.1/32	Direct	0	0	D	127.0.0.1	InLoopBack0
127.255.255.255/32	Direct	0	0	D	127.0.0.1	InLoopBack0
192.168.1.0/24	Static	60	0	RD	192.168.10.1	GigabitEthernet 0/0/1
192.168.10.0/30	Direct	0	0	D	192.168.10.2	GigabitEthernet 0/0/1
192.168.10.2/32	Direct	0	0	D	127.0.0.1	GigabitEthernet 0/0/1
192.168.10.255/32	Direct	0	0	D	127.0.0.1	GigabitEthernet 0/0/1
192.168.20.0/30	Direct	0	0	D	192.168.20.2	GigabitEthernct 0/0/2
192.168.20.2/32	Direct	0	0	D	127.0.0.1	GigabitEthernet 0/0/2
192.168.20.255/32	Direct	0	0	D	127.0.0.1	GigabitEthernet 0/0/2
255.255.255.255/32	Direct	0	0	D	127.0.0.1	InLoopBack0

(6) 测试。PC1 可以 ping 通 1.1.1.1。

测试 VRRP 备份，关闭 LSW1 的 GigabitEthernet0/0/1 接口，PC1 仍然可以 ping 通 1.1.1.1。此时 LSW1 成为备份路由器，而 LSW2 成为主路由器。

```
<LSW1>dis vrrp bri
VRID    State        Interface              Type        Virtual IP
------------------------------------------------------------------------
1       Backup       Vlanif2                Normal      192.168.1.254
------------------------------------------------------------------------
Total:1      Master:0      Backup:1      Non-active:0
<LSW2>dis vrrp bri
VRID    State        Interface              Type        Virtual IP
------------------------------------------------------------------------
1       Master       Vlanif2                Normal      192.168.1.254
------------------------------------------------------------------------
Total:1      Master:1      Backup:0      Non-active:0
```

浮动路由也已经生效了，查看路由表如下：

```
<AR1>dis ip ro
Route Flags: R - relay, D - download to fib
------------------------------------------------------------------------
Routing Tables: Public
Destinations : 11          Routes : 11
```

Destination/Mask	Proto	Pre	Cost	Flags	NextHop	Interface
1.1.1.0/24	Direct	0	0	D	1.1.1.1	LoopBack0
1.1.1.1/32	Direct	0	0	D	127.0.0.1	LoopBack0
1.1.1.255/32	Direct	0	0	D	127.0.0.1	LoopBack0
127.0.0.0/8	Direct	0	0	D	127.0.0.1	InLoopBack0

127.0.0.1/32	Direct	0	0	D	127.0.0.1	InLoopBack0
127.255.255.255/32	Direct	0	0	D	127.0.0.1	InLoopBack0
192.168.1.0/24	Static	100	0	RD	192.168.20.1	GigabitEthernet 0/0/2
192.168.20.0/30	Direct	0	0	D	192.168.20.2	GigabitEthernet 0/0/2
192.168.20.2/32	Direct	0	0	D	127.0.0.1	GigabitEthernet 0/0/2
192.168.20.255/32	Direct	0	0	D	127.0.0.1	GigabitEthernet 0/0/2
255.255.255.255/32	Direct	0	0	D	127.0.0.1	InLoopBack0

然后恢复 LSW1 的 GigabitEthernet0/0/1 接口，等待 20 秒后，LSW1 重新成为 Master。

```
<LSW1>dis vrrp bri
```

VRID	State	Interface	Type	Virtual IP
1	Master	Vlanif2	Normal	192.168.1.254

Total:1　　　Master:1　　　Backup:0　　　Non-active:0

如果 LSW1 的 G0/0/2 端口所在的链路中断，如图 10.13 所示，会发生什么情况？如何来解决？

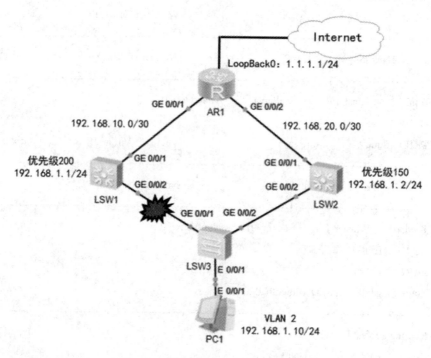

图 10.13　主备模式的 VRRP 配置案例(2)

当 LSW1 的 G0/0/2 端口所在的链路中断时，首先 LSW2 等待一个 Master-Down-Interval 时间后成为主路由器，然后转发流量到 AR1，如图 10.14 所示。此时因为 AR1 与 LSW1 之间的链路仍然正常，所以返回流量仍然会被转发到 LSW1，但 LSW1 无法将流量转发给 LSW3，从而造成网络不通。

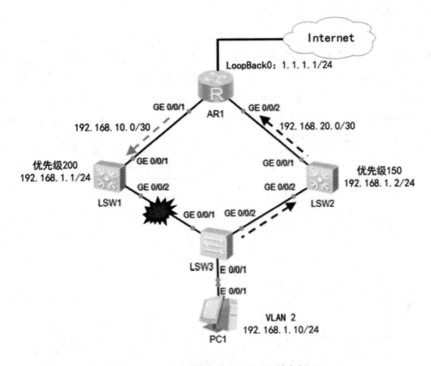

图 10.14　主备模式的 VRRP 配置案例(3)

解决方案是在 LSW1 和 LSW2 之间增加一条链路，如图 10.15 所示。这样 LSW1 就可以将返回的流量转发给 LSW2，再由 LSW2 转发给 LSW3，最终成功返回到 PC1。

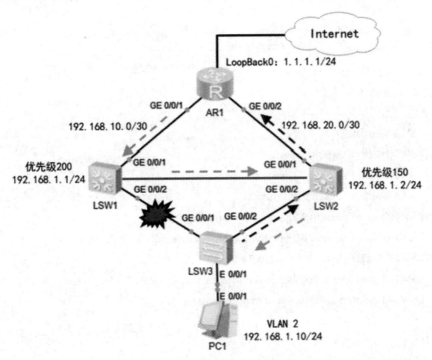

图 10.15　主备模式的 VRRP 配置案例(4)

3. 负载分担模式的 VRRP 配置案例

在主备模式的 VRRP 配置案例中，因为备份路由器大多数时间都没有发挥作用，这样就造成资源浪费，所以通常采用负载分担模式。负载分担模式需要建立多个 VRRP 备份组，同一台 VRRP 设备可以加入多个备份组，在不同的备份组中具有不同的优先级。

如图 10.16 所示，要求配置 VRRP 负载分担和浮动路由实现 PC 访问外网的网关冗余备份。在 VLAN 6 中，LSW1 为主路由器，LSW2 为备份路由器。在 VLAN 8 中，LSW2 为主路由器，LSW1 为备份路由器。

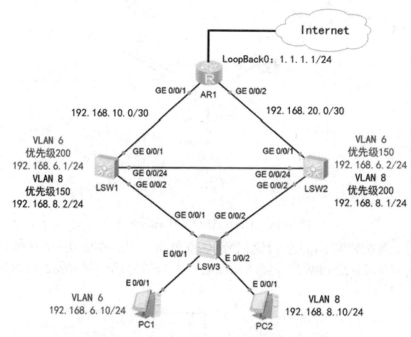

图 10.16　负载分担模式的 VRRP 配置案例

配置步骤及命令如下：

(1) 配置 LSW1：

　　　[LSW1]vlan batch 6 8

　　　[LSW1]interface GigabitEthernet0/0/1

　　　[LSW1-GigabitEthernet0/0/1]port link-type access

　　　[LSW1]interface GigabitEthernet0/0/2

　　　[LSW1-GigabitEthernet0/0/2]port link-type trunk

　　　[LSW1-GigabitEthernet0/0/2]port trunk allow-pass vlan all

　　　[LSW1]interface GigabitEthernet0/0/24

　　　[LSW1-GigabitEthernet0/0/24]port link-type trunk

　　　[LSW1-GigabitEthernet0/0/24]port trunk allow-pass vlan all

　　　[LSW1]interface Vlanif1

　　　[LSW1-Vlanif1]ip address 192.168.10.1 30

[LSW1]interface Vlanif6

[LSW1-Vlanif6]ip address 192.168.6.1 255.255.255.0

[LSW1-Vlanif6]vrrpvrid6 virtual-ip 192.168.6.254　　//创建 VRRP 备份组，组号为 6，虚拟 IP 为 192.168.6.254

[LSW1-Vlanif6]vrrp vrid 6 priority 200　　//配置优先级为 200

[LSW1-Vlanif6]vrrp vrid 6 preempt-mode timer delay 20　　//配置主路由器延时抢占时间 20 s

[LSW1-Vlanif6]vrrp vrid 6 track interface GigabitEthernet0/0/1 reduced 100　//配置上行端口跟踪，当 GigabitEthernet0/0/1 状态 Down 时，优先级降低 100，要确保降低后的优先级低于备份路由器的优先级

[LSW1]interface Vlanif8

[LSW1-Vlanif8]ip address 192.168.8.2 255.255.255.0

[LSW1-Vlanif8]vrrp vrid 8 virtual-ip 192.168.8.254　　//创建 VRRP 备份组，组号为 8，虚拟 IP 为 192.168.8.254

[LSW1-Vlanif8]vrrp vrid 8 priority 150　　//配置优先级为 150

[LSW1]ip route-static 0.0.0.0 0.0.0.0 192.168.10.2

(2) 配置 LSW2：

[LSW2]vlan batch 6 8

[LSW2]interface GigabitEthernet0/0/1

[LSW2-GigabitEthernet0/0/1]port link-type access

[LSW2]interface GigabitEthernet0/0/2

[LSW2-GigabitEthernet0/0/2]port link-type trunk

[LSW2-GigabitEthernet0/0/2]port trunk allow-pass vlan all

[LSW2]interface GigabitEthernet0/0/24

[LSW2-GigabitEthernet0/0/24]port link-type trunk

[LSW2-GigabitEthernet0/0/24]port trunk allow-pass vlan all

[LSW2]interface Vlanif1

[LSW2-Vlanif1]ip address 192.168.20.1 30

[LSW2]interface Vlanif8

[LSW2-Vlanif8]ip address 192.168.8.1 255.255.255.0

[LSW2-Vlanif8]vrrp vrid 8 virtual-ip 192.168.8.254　　//创建 VRRP 备份组，组号为 8，虚拟 IP 为 192.168.8.254

[LSW2-Vlanif8]vrrp vrid 8 priority 200　　//配置优先级为 200

[LSW2-Vlanif8]vrrp vrid 8 preempt-mode timer delay 20　　//配置主路由器延时抢占时间 20 s

[LSW2-Vlanif8]vrrp vrid 8 track interface GigabitEthernet0/0/1 reduced 100　　//配置上行端口跟踪，当 GigabitEthernet0/0/1 状态 Down 时，优先级降低 100，要确保降低后的优先级低于备份路由器的优先级

[LSW2]interface Vlanif6

[LSW2-Vlanif6]ip address 192.168.6.2 255.255.255.0

[LSW2-Vlanif6]vrrp vrid 6 virtual-ip 192.168.6.254　　//创建 VRRP 备份组，组号为 6，虚拟 IP 为 192.168.6.254

[LSW2-Vlanif6]vrrp vrid 6 priority 150　　//配置优先级为 150

[LSW2]ip route-static 0.0.0.0 0.0.0.0 192.168.20.2

(3) 配置 LSW3：

[LSW3]vlan batch 6 8

[LSW3]interface GigabitEthernet0/0/1

[LSW3-GigabitEthernet0/0/1]port link-type trunk

[LSW3-GigabitEthernet0/0/1]port trunk allow-pass vlanall

[LSW3]interface GigabitEthernet0/0/2

[LSW3-GigabitEthernet0/0/2]port link-type trunk

[LSW3-GigabitEthernet0/0/2]port trunk allow-pass vlanall

[LSW3]interface Ethernet0/0/1

[LSW3-Ethernet0/0/1]port link-type access

[LSW3-Ethernet0/0/1]port default vlan 6

[LSW3]interface Ethernet0/0/2

[LSW3-Ethernet0/0/2]port link-type access

[LSW3-Ethernet0/0/2]port default vlan 8

(4) 配置 AR1：

[AR1]interface GigabitEthernet0/0/1

[AR1-GigabitEthernet0/0/1]ip address 192.168.10.2 30

[AR1]interface GigabitEthernet0/0/2

[AR1-GigabitEthernet0/0/2]ip address 192.168.20.2 30

[AR1]interface LoopBack0

[AR1-LoopBack0]ip address 1.1.1.1 255.255.255.0

[AR1]ip route-static 192.168.6.0 255.255.255.0 192.168.10.1

[AR1]ip route-static 192.168.6.0 255.255.255.0 192.168.20.1 preference 100　　//配置浮动路由

[AR1]ip route-static 192.168.8.0 255.255.255.0 192.168.20.1

[AR1]ip route-static 192.168.8.0 255.255.255.0 192.168.10.1 preference 100　　//配置浮动路由

(5) 查看 VRRP 信息：

```
<LSW1>dis vrrp bri
VRID    State        Interface            Type      Virtual IP
-----------------------------------------------------------------------------------
6       Master       Vlanif6              Normal    192.168.6.254
8       Backup       Vlanif8              Normal    192.168.8.254
-----------------------------------------------------------------------------------
Total:2      Master:1       Backup:1       Non-active:0
```

(6) 测试。PC1 可以 ping 通 1.1.1.1，PC2 可以 ping 通 1.1.1.1。

本 章 小 结

VRRP 协议将多台路由器虚拟成一个虚拟路由器,通过配置虚拟路由器的 IP 地址为默认网关，实现网关的备份。

VRRP 虚拟(Virtual)路由器又称 VRRP 备份组，由主(Master)路由器、备份(Backup)路由器(可以有多台)组成。

VRRP 虚拟 MAC 地址的格式为 00-00-5E-00-01-XX，其中 XX 为 VRRP 组号。

VRRP 计时器有一个 Master-Down-Interval 时间，表示如果备份路由器在该计时器超时前没有收到主路由器的 VRRP 通告，就认为主路由器异常，自身成为主路由器。

VRRP 定义了三种状态，分别是 Initialize(初始状态)、Backup(备份状态)和 Master(活动状态)。

华为设备默认开启了抢占模式，可以使优先级高的路由器马上成为主路由器。

当主路由器的上行端口的链路不可用时，主路由器的 VRRP 优先级将降低，从而使备份路由器抢占成为主路由器，避免业务中断。

浮动路由指的是配置一个优先级低的静态路由，作为应急触发的备份路径。在主路由有效的情况下，浮动路由不会出现在路由表中。

习 题

1. 以下 (　　) 是浮动路由的作用。

A. 实现数据转发路径的备份

B. 实现数据转发的负载均衡

C. 实现对内网数据网络的保护

D. 实现内网与外网地址之间的转换

2. 关于 VRRP 协议，以下描述错误的是 (　　)。

A. VRRP 是虚拟网关冗余协议，实现网关设备之间的备份

B. VRRP 协议是公有标准，任何厂商设备都支持

C. 在一个网关设备上，只能运行一个 VRRP 进程

D. VRRP 设备角色分为 Master 和 slave

3. 通过 （   ） 命令，可以查看运行 VRRP 协议的路由器的角色。

A. display vrrp

B. display vrrp router

C. display standby

D. display vrrp statistic

4. 关于 VRRP 的部署，以下描述错误的是 （   ）。

A. 如果一个网段中仅有一个网关设备，是没有必要配置 VRRP 的

B. 建议 VRRP 的主网关与 STP 的根交换机配置在同一个设备上

C. 主网关的优先级应该高于备份网关的优先级

D. 因为 VRRP 是 3 层冗余技术，STP 是 2 层冗余技术，所以两者在配置时不需要同时考虑，可随意配置

5. Vlan 10 中存在 2 个网关 R1 与 R2，通过 SW1 互连，配置 VRRP，确保 R1 为主网关，但 R1 和 R2 都成为了 Master。相关配置如下：

        R1：

        vrrp vrid 10 virtual-ip 192.168.10.254

        R2：

        vrrp vrid 1 virtual-ip 192.168.10.254

        vrrp vrid 1 priority 120

为解决此网络故障，以下措施中 （   ） 是没有必要的。

A. 修改 R1 的优先级大于 R2 的优先级

B. 修改 vrrp 的 vrid 参数，确保 R1 与 R2 相同

C. 检查并确保 R1 与 R2 的 VRRP 都开启了抢占功能

D. 检查交换机配置，确保连接 R1 与 R2 的端口同时属于 VLAN 10

扫码看答案

第 11 章

访问控制列表

- 理解 ACL 的原理；
- 掌握基本 ACL 的配置的步骤及命令；
- 掌握高级 ACL 的配置的步骤及命令。

问题导向

- ACL 的作用是什么？
- 路由器如何根据 ACL 的规则对数据包进行过滤？
- 基本 ACL 有什么特点？
- 高级 ACL 有什么特点？

11.1　ACL 的原理

1. ACL

访问控制列表(Access Control List，ACL)是应用在设备接口的指令列表(即规则)，如图 11.1 所示，在路由器接口上配置了 ACL，可以实现禁止主机 PC1 访问服务器 Server，允许主机 PC2 访问服务器 Server。

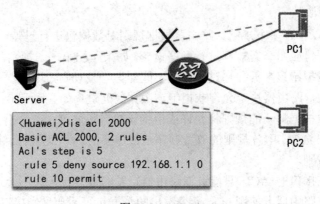

```
<Huawei>dis acl 2000
Basic ACL 2000, 2 rules
Acl's step is 5
 rule 5 deny source 192.168.1.1 0
 rule 10 permit
```

图 11.1　ACL(1)

那么 ACL 如何进行访问控制呢？通常来说，我们常用的 ACL 读取的是网络层、传输层的报文头信息，其中包括源 IP 地址、目标 IP 地址、源端口号、目标端口号，ACL 会根据预先定义好的规则对报文进行过滤，如图 11.2 所示。

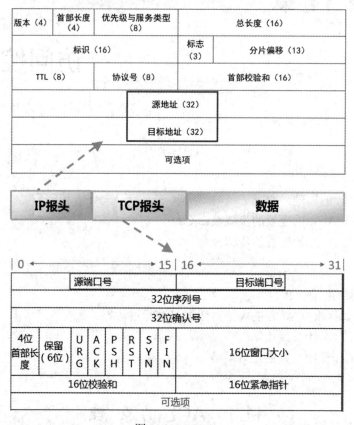

图 11.2　ACL(2)

2．ACL 的类型

ACL 有很多类型，本章只介绍最常用的基本 ACL 和高级 ACL。

(1) 基本 ACL 会根据源 IP 地址来过滤数据包。

(2) 高级 ACL 会根据源 IP 地址、目的 IP 地址、源端口、目的端口、协议来过滤数据包。

3．ACL 的规则

每个 ACL 可以包含多个规则，路由器根据规则对数据包进行过滤，如图 11.3 所示。

路由器对数据包应用一组规则进行顺序检查。如果匹配第一条规则，则不再往下检查，路由器决定允许或拒绝该数据包通过；如果不匹配第一条规则，则依次往下检查，直到有任何一条规则匹配，路由器决定允许或拒绝该数据包通过；如果直到最后没有任何一条规则匹配，则路由器根据默认的规则将允许或拒绝该数据包通过。

由此可知，在 ACL 中各规则的放置顺序是很重要的，一旦匹配了某一规则，就不再检查以后的其他规则。

另外，应用在接口的 ACL 只能过滤路由器转发的数据包，而不会过滤路由器始发的数据包。例如，在路由器上使用 ping 命令发出的数据包等不会受到接口 ACL 的控制。

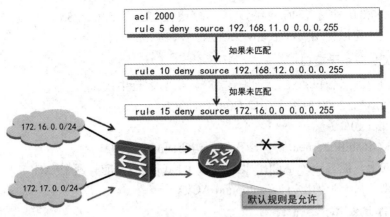

图 11.3　ACL 规则

11.2　ACL 的配置

11.2.1　基本 ACL 的配置

1. 创建基本 ACL

基本 ACL 基于源 IP 地址过滤数据包，列表号范围是 2000～2999。

例如，拒绝来自网段 192.168.1.0/24 的访问，创建编号为 2000 的 ACL 如下：

[Huawei]acl 2000

[Huawei-acl-basic-2000]rule 5 deny source 192.168.1.0 0.0.0.255

[Huawei-acl-basic-2000]quit

其中，每条规则之间默认的步长是 5，该参数是可选的。

0.0.0.255 是通配符掩码，其在用二进制数 0 和 1 表示时，如果某位为 1，表明这一位不需要进行匹配操作；如果为 0，则表明这一位需要严格匹配。

为了便于理解，可以将通配符掩码看作反掩码(二者是有区别的，但在大多数应用场景可以等同对待)，即 24 位掩码 255.255.255.0 反过来就是 0.0.0.255。

拒绝来自主机 192.168.1.1 的访问，创建编号为 2001 的 ACL 如下：

[Huawei]acl 2001

[Huawei-acl-basic-2001]rule 5 deny source 192.168.1.1 0

[Huawei-acl-basic-2001]quit

主机的掩码是 32 位 255.255.255.255，其反掩码是 0.0.0.0，简写为 0。

拒绝来自任何网络的访问，创建编号为 2009 的 ACL 如下：

[Huawei]acl 2009

[Huawei-acl-basic-2009]rule 5 deny source any

[Huawei-acl-basic-2009]quit

0.0.0.0　0.0.0.0 表示任何网络，其反掩码是 255.255.255.255。为了方便，0.0.0.0 255.255.255.255 可以使用关键字 any 来表示。

2. 将 ACL 应用于接口

创建 ACL 后，只有将 ACL 应用于接口，ACL 才会生效。

例如，将 ACL 2000 应用于接口 G0/0/1 的入方向。

[Huawei]int g0/0/1

[Huawei-GigabitEthernet0/0/1]traffic-filter inbound acl 2000

每个方向上只能有一个 ACL，也就是每个接口最多只能有两个 ACL：一个为入方向 (inbound)ACL，另一个为出方向(outbound)ACL。

3. 路由器基本 ACL 配置案例

如图 11.4 所示，使用 eNSP 搭建实验环境，要求禁止 PC1(IP 地址 为 192.168.1.1)访问服务器 Server1，允许其他所有的访问流量。

微课视频 021

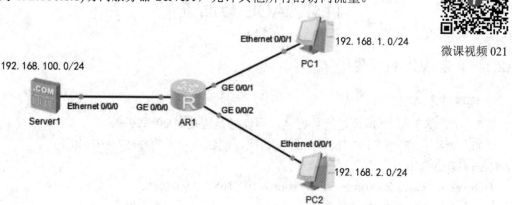

图 11.4　路由器基本 ACL 配置案例

配置步骤及命令如下：

(1) 配置路由器接口的 IP 地址，配置 PC1、PC2 及 Server1 的 IP 地址的过程一并省略。

(2) 配置 ACL：

[Huawei]acl 2000

[Huawei-acl-basic-2000]rule 5 deny source 192.168.1.1 0

[Huawei-acl-basic-2000]rule 10 permit source any

[Huawei-acl-basic-2000]quit

路由器对进入的数据包先检查入方向 ACL，对允许传输的数据包才查询路由列表，而对于外出的数据包先查询路由列表，确定目标接口后再检查出方向 ACL。因此应该尽量把 ACL 应用到入站接口，减少对路由器不必要的资源的占用。

[Huawei]int g0/0/1

[Huawei-GigabitEthernet0/0/1]traffic-filter inbound acl 2000

配置完成后查看 ACL 如下：

[Huawei]dis acl all//查看所有 ACL

```
        Total quantity of nonempty ACL number is 1

        Basic ACL 2000, 2 rules
        Acl's step is 5
        rule 5 deny source 192.168.1.1 0
        rule 10 permit

        [Huawei]dis acl 2000//只查看 ACL 2000
        Basic ACL 2000, 2 rules
        Acl's step is 5
        rule 5 deny source 192.168.1.1 0
        rule 10 permit
```

(3) 测试：PC1 不能 ping 通 Server1，PC2 可以 ping 通 Server1。

如果现在将 PC1 的 IP 地址改为 192.168.1.2，仍然禁止 PC1 访问服务器 Server1，那么应该如何修改已经配置好的 ACL 呢？

```
        [Huawei]acl 2000
        [Huawei-acl-basic-2000]undo rule 5              //删除之前配置的规则
        [Huawei-acl-basic-2000]dis acl all
          Total quantity of nonempty ACL number is 1

        Basic ACL 2000, 1 rule
        Acl's step is 5
        rule 10 permit

        [Huawei-acl-basic-2000]rule 5 deny so 192.168.1.2 0     //增加新的规则
        [Huawei-acl-basic-2000]dis acl all
          Total quantity of nonempty ACL number is 1

        Basic ACL 2000, 2 rules
        Acl's step is 5
        rule 5 deny source 192.168.1.2 0
        rule 10 permit
```

经测试，PC1(IP 为 192.168.1.2)不能 ping 通 Server1。

4. 交换机基本 ACL 配置案例

如图 11.5 所示使用 eNSP 搭建实验环境，要求禁止 PC1 访问服务器 Server1，允许其他所有的访问流量。

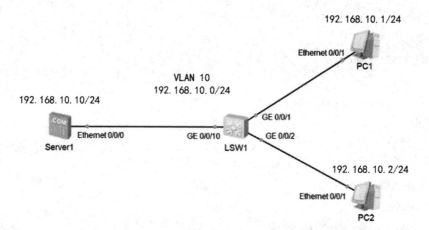

图 11.5　交换机基本 ACL 配置案例

配置的步骤及命令如下：

(1) 配置 PC1、PC2 及 Server1 的 IP 地址的过程一并省略。

(2) 配置 VLAN：

　　[LSW1]vlan 10

　　[LSW1]int g0/0/1

　　[LSW1-GigabitEthernet0/0/1]port link-t access

　　[LSW1-GigabitEthernet0/0/1]port default vlan 10

　　[LSW1]int g0/0/2

　　[LSW1-GigabitEthernet0/0/2]port link-t access

　　[LSW1-GigabitEthernet0/0/2]port default vlan 10

　　[LSW1]int g0/0/10

　　[LSW1-GigabitEthernet0/0/10]port link-t access

　　[LSW1-GigabitEthernet0/0/10]port default vlan 10

(3) 配置 ACL：

　　[LSW1]acl 2000

　　[LSW1-acl-basic-2000]rule 5 deny source 192.168.10.1 0

　　[LSW1-acl-basic-2000]quit

配置完成后查看 ACL 如下：

　　[LSW1]dis acl all

　　　Total quantity of nonempty ACL number is 1

　　Basic ACL 2000, 1 rule

　　Acl's step is 5

　　rule 5 deny source 192.168.10.1 0

（4）应用 ACL。在交换机上配置的 ACL 可以在物理接口上应用，命令如下：

    [LSW1]int g0/0/1

    [LSW1-GigabitEthernet0/0/1]traffic-filter inbound acl 2000

也可以在 VLAN 上应用，命令如下：

    [LSW1]traffic-filter vlan 10 inbound acl 2000

（5）测试。PC1 不能 ping 通 Server1，PC2 可以 ping 通 Server1。

11.2.2　高级 ACL 的配置

1. 创建高级 ACL

高级 ACL 基于源 IP 地址、目的 IP 地址、源端口、目的端口、协议来过滤数据包，列表号是 3000～3999。

例如，禁止网段 192.168.1.0/24 访问服务器 192.168.3.1 的 Web 服务，创建编号为 3000 的 ACL 如下：

    [Huawei]acl 3000

    [Huawei-acl-adv-3000]rule 5 deny tcp source 192.168.1.0 0.0.0.255 destination 192.168.3.1 0

    destination-port eq 80

    [Huawei-acl-adv-3000]quit

其中，协议类型可以是 IP、TCP、UDP、ICMP 等，eq 表示等于。

例如，禁止网络 192.168.1.0/24 中的主机 ping 通服务器 192.168.2.2，创建编号为 3005 的 ACL 如下：

    [Huawei]acl 3005

    [Huawei-acl-adv-3005]rule 5 deny icmp source 192.168.1.0 0.0.0.255 destination 192.168.2.2 0

    icmp-type echo

    [Huawei-acl-adv-3005]quit

2. 将 ACL 应用于接口

与基本 ACL 一样，只有将 ACL 应用于接口，ACL 才会生效。

例如，将 ACL 3000 应用于接口 G0/0/1 的入方向。

    [Huawei]int g0/0/1

    [Huawei-GigabitEthernet0/0/1]traffic-filter inbound acl 3000

3. 高级 ACL 配置案例

如图 11.6 所示，使用 eNSP 搭建实验环境，要求如下：

（1）允许 Client1 访问 Server1 的 Web 服务。

（2）允许 Client1 访问网络 192.168.2.0/24。

（3）禁止 Client1 访问其他网络。

微课视频 022

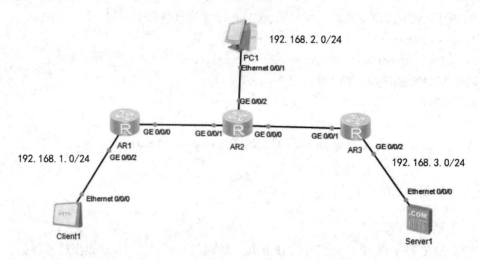

图 11.6　高级 ACL 配置案例

配置步骤及命令如下：

(1) 配置路由器接口 IP 地址，配置 PC1、Client1 及 Server1 的 IP 地址的过程一并省略。

(2) 配置路由：

    [AR1]ip route-static 0.0.0.0 0.0.0.0 192.168.12.2

    [AR3]ip route-static 0.0.0.0 0.0.0.0 192.168.23.2

    [AR2]ip route-static 192.168.1.0 255.255.255.0 192.168.12.1

    [AR2]ip route-static 192.168.3.0 255.255.255.0 192.168.23.3

(3) 配置 ACL：

    [AR1]acl 3000

    [AR1-acl-adv-3000]rule 5 permit tcp source 192.168.1.1 0 destination 192.168.3.1

     0 destination-port eq 80

    [AR1-acl-adv-3000]rule 10 permit ip source 192.168.1.1 0 destination 192.168.2.0

     0.0.0.255

    [AR1-acl-adv-3000]rule 15 deny ip source any

    [AR1-acl-adv-3000]quit

    [AR1]int g0/0/2

    [AR1-GigabitEthernet0/0/2]traffic-filter inbound acl 3000

配置完成后查看 ACL 如下：

    [AR1]dis acl 3000

    Advanced ACL 3000, 3 rules

    Acl's step is 5

    rule 5 permit tcp source 192.168.1.1 0 destination 192.168.3.1 0 destination-port

    eq www

    rule 10 permit ip source 192.168.1.1 0 destination 192.168.2.0 0.0.0.255

    rule 15 deny ip

(4) 测试：首先在 Server1 搭建 Web 服务，如图 11.7 所示。

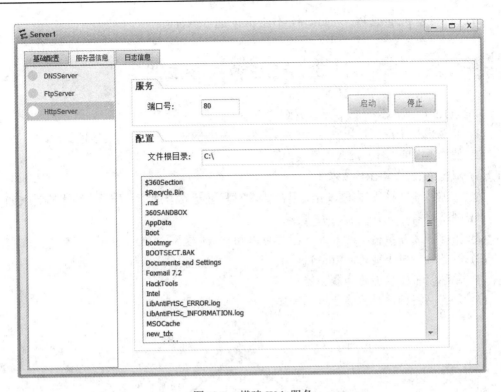

图 11.7　搭建 Web 服务

测试 Client1 可以访问 Server1 的 Web 服务，如图 11.8 所示。

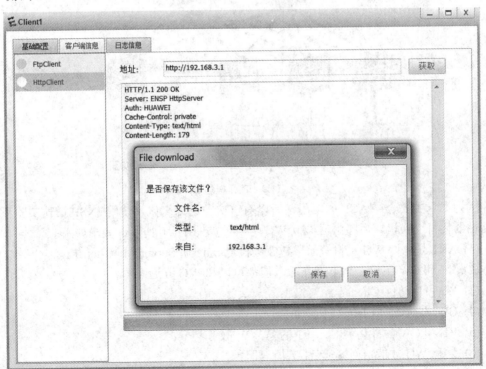

图 11.8　访问测试

Client1 可以 ping 通 PC1。Client1 不能 ping 通 Server1。

11.3　ACL 的综合应用

如图 11.9 所示，公司网络建设规划如下：

(1) 公司内每个部门使用一个 VLAN，每个 VLAN 分配一个 C 类地址。

(2) 使用 MSTP 实现 VLAN 负载均衡。

(3) 双核心使用 VRRP 技术。

为了加强公司网络的内网安全，现在要求对其进行安全规划及配置，具体的需求如下：

(1) 网络设备只允许网管区 IP 登录。

(2) 各部门之间全机不能互通，但都可以和网管区互通。

(3) 财务部主机不能访问 Internet。

(4) 各部门主机只能访问服务器的 WWW 服务。

(5) 只有网络管理员才能通过远程桌面来管理服务器。

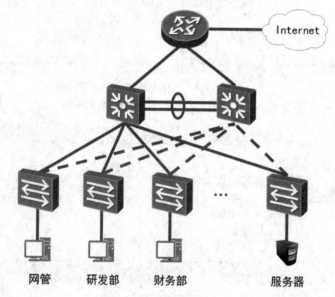

图 11.9　项目概述(1)

因为本章主要介绍 ACL 的应用，所以对该实验进行简化，使用 eNSP 搭建实验环境，用路由器代替交换机，用路由器模拟 WG 主机。如图 11.10 所示，要求如下：

(1) AR1 只允许 WG 主机登录，WG 主机能 ping 通 Server1 和 Client1。

(2) YF 和 CW 主机之间不能互通，但都可以和 WG 互通。

(3) YF 可以访问 Client1。

(4) CW 不能访问 Client1。

(5) YF 和 CW 只能访问 Server1 的 WWW 服务。

(6) 只有 WG 才能访问 Server1 的所有服务。

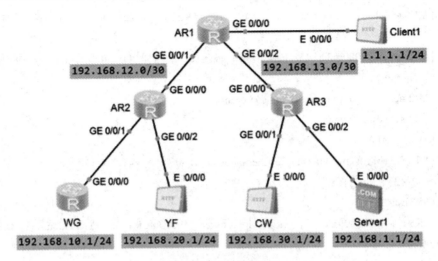

图 11.10 项目概述(2)

配置步骤及命令如下：

(1) 配置路由器接口 IP 地址及主机 IP 地址的过程一并省略。

(2) 配置路由：

    [AR1]ip route-static 192.168.1.0 255.255.255.0 192.168.13.2

    [AR1]ip route-static 192.168.10.0 255.255.255.0 192.168.12.2

    [AR1]ip route-static 192.168.20.0 255.255.255.0 192.168.12.2

    [AR1]ip route-static 192.168.30.0 255.255.255.0 192.168.13.2

    [AR2]ip route-static 0.0.0.0 0.0.0.0 192.168.12.1

    [AR3]ip route-static 0.0.0.0 0.0.0.0 192.168.13.1

    [WG]ip route-static 0.0.0.0 0.0.0.0 192.168.10.254

(3) 在 AR1 上的配置：

    [AR1]acl 2000

    [AR1-acl-basic-2000]rule 5 permit source 192.168.10.1 0

    [AR1-acl-basic-2000]rule 10 deny source any

    [AR1-acl-basic-2000]quit

    [AR1]user-interface vty 0 4

    [AR1-ui-vty0-4]acl 2000 inbound   //只允许 WG 登录

    [AR1-ui-vty0-4]authentication-mode aaa

    [AR1-ui-vty0-4]quit

    [AR1]aaa

    [AR1-aaa]local-user tedu password cipher tedu   //创建用户 tedu，密码 tedu

    [AR1-aaa]local-user tedu service-type telnet

    [AR1-aaa]quit

(4) 在 AR2 上的配置：

    [AR2]acl 3000

    [AR2-acl-adv-3000]rule 5 permit ip source 192.168.20.1 0 destination 192.168.10.1 0//YF 可以访问 WG

[AR2-acl-adv-3000]rule 10 permit ip source 192.168.20.1 0 destination 1.1.1.1 0

//YF 可以访问 Client1

[AR2-acl-adv-3000]rule 15 permit tcp source 192.168.20.1 0 destination 192.168.1.1 0 destination-port eq 80　　　　　//YF 只能访问 Server1 的 WWW 服务

[AR2-acl-adv-3000]rule 20 deny ip source any

[AR2-acl-adv-3000]quit

[AR2]int g0/0/2

[AR2-GigabitEthernet0/0/2]traffic-filter inbound acl 3000

(5) 在 AR3 上的配置:

[AR3]acl 3000

[AR3-acl-adv-3000]rule 5 permit ip source 192.168.30.1 0 destination 192.168.10.1 0

//CW 可以访问 WG

[AR3-acl-adv-3000]rule 10 permit tcp source 192.168.30.1 0 destination 192.168.1.1 0 destination-port eq 80　　　　　//CW 只能访问 Server1 的 WWW 服务

[AR3-acl-adv-3000]rule 15 deny ip source any

[AR3-acl-adv-3000]quit

[AR3]int g0/0/1

[AR3-GigabitEthernet0/0/1]traffic-filter inbound acl 3000

(6) 测试。WG 能远程登录 AR1,WG 能 ping 通 Server1 和 Client1。

YF(192.168.20.1)和 CW(192.168.30.1)之间不能互通,但可以和 WG(192.168.10.1)互通,如图 11.11 和图 11.12 所示。

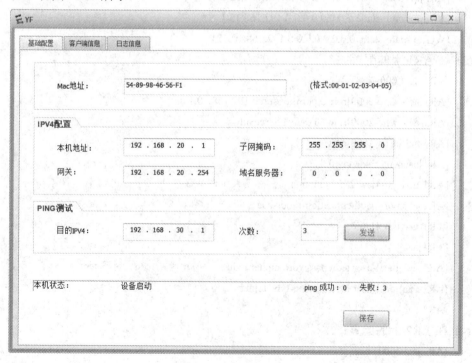

图 11.11　项目测试(1)

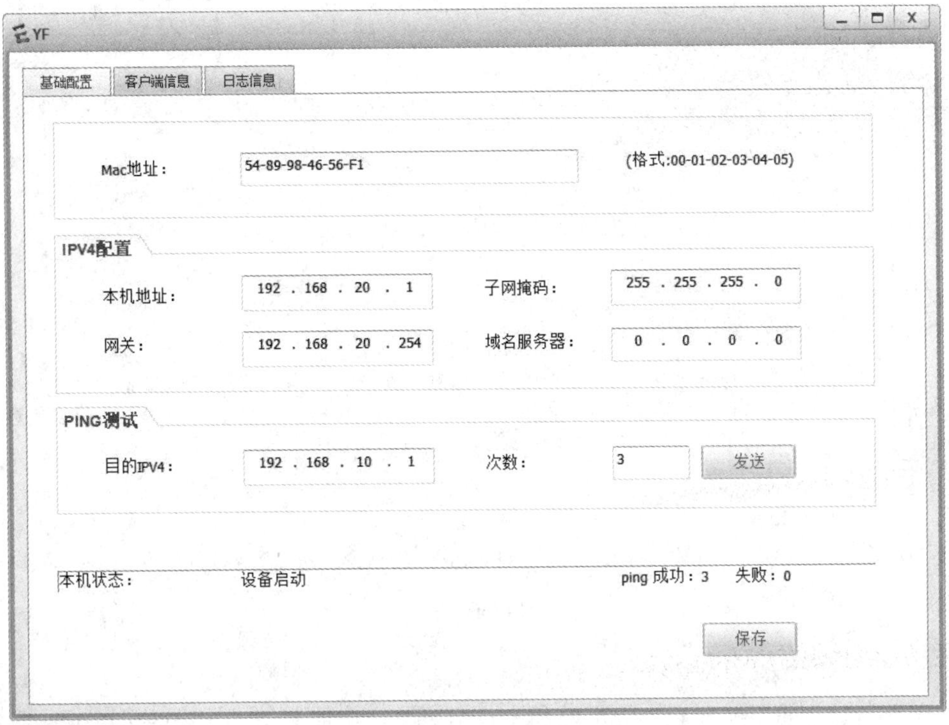

图 11.12　项目测试(2)

YF(192.168.20.1)不能 ping 通 Server1(192.168.1.1)，如图 11.13 所示。

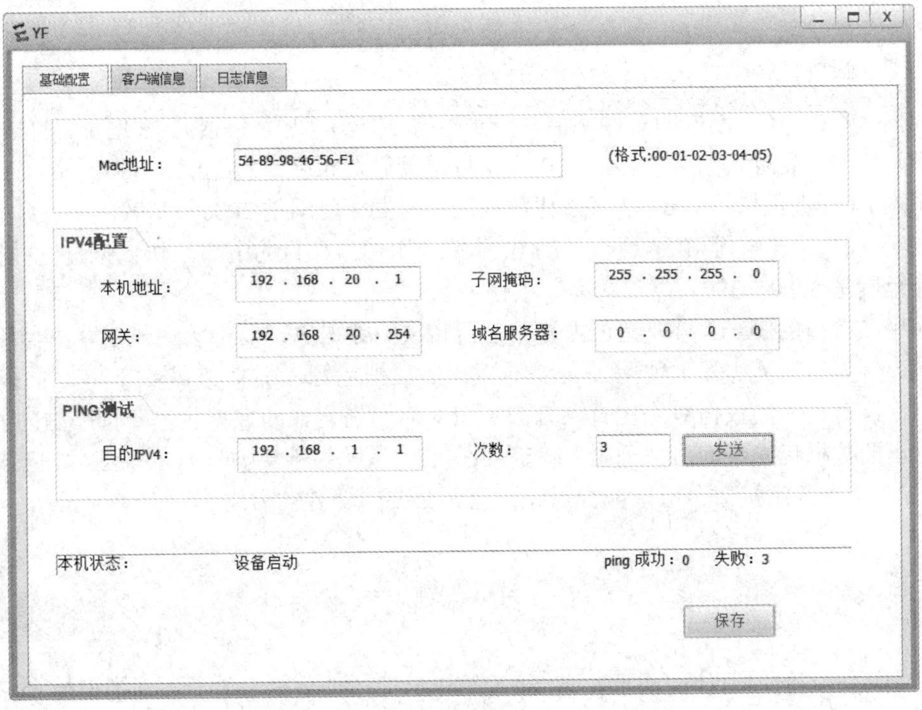

图 11.13　项目测试(3)

YF(192.168.20.1)能访问 Server1(192.168.1.1)的 WWW 服务，如图 11.14 所示。

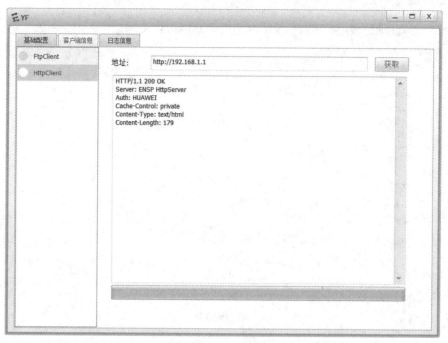

图 11.14　项目测试(4)

CW 和 YF 之间不能互通，但可以和 WG 互通。CW 能访问 Server1 的 WWW 服务，但不能 ping 通 Server1。CW 不能 ping 通 Client1。

本 章 小 结

我们常用的 ACL 读取的是网络层、传输层的报文头信息，包括源 IP 地址、目标 IP 地址、源端口号、目标端口号，根据预先定义好的规则对报文进行过滤，来实现访问控制。

基本 ACL 会根据源 IP 地址来过滤数据包，列表号范围是 2000～2999。

高级 ACL 会根据源 IP 地址、目的 IP 地址、源端口、目的端口、协议来过滤数据包，列表号范围是 3000～3999。

应用在接口的 ACL 只能通过由滤路由器转发的数据包，而不会通过由路由器始发的数据包。例如，在路由器上使用 ping 命令发出的数据包等，不会受到接口 ACL 的控制。

路由器对进入的数据包先检查入方向 ACL，对允许传输的数据包才查询路由列表，而对于外出的数据包先查询路由列表，确定目标接口后再检查出方向 ACL。因此，应该尽量把 ACL 应用到入站接口，可以减少对路由器不必要的资源的占用。

习 题

1. 针对不同的项目控制需求，需要配置不同类型的 ACL。关于不同类型的 ACL 描述正确的是（　　）。

A. 高级 ACL 能够匹配数据包的 2 层头部、3 层头部以及 4 层头部

B. 基本 ACL 只能查看数据的 3 层头部的源 IP 地址

C. 基本 ACL 中最后包含一个隐含的条目，其表示拒绝所有

D. 高级 ACL 可以查看数据包的 2 层头部信息

2. 关于 ACL 的相关描述，(　　) 是正确的。

A. 华为的 ACL 可以分为标准 ACL 和扩展 ACL

B. 华为的 ACL 的最后一个条目永远都是拒绝所有

C. 华为的 ACL 只能用于匹配数据包的 2 层头部、IP 头部和 TCP 头部

D. 华为的 ACL 在一个端口的同一个方向上只能应用一个 ACL

3. 在华为网络设备中，ACL 访问控制列表的匹配规则是 (　　)。

A. 如果所有的规则都无法匹配流量，则该流量一定会放行

B. 如果一个流量被 ACL 前面的规则匹配，且是放行处理，那么该流量的最终动作依然取决于后续的其他条目的处理行为

C. 如果一个规则可以匹配流量，并且允许该流量放行，那么该流量一定会被放行

D. 只有当所有的规则都匹配成功，并且放行，该流量才可以被放行

4. 关于 ACL 访问控制，以下描述正确的是 (　　)。

A. ACL 只能匹配 3 层 IP 地址信息

B. ACL 不可以匹配 2 层信息

C. 基本 ACL 只能匹配源 IP 地址

D. 高级 ACL 可以同时匹配源 IP 地址、目标 IP 地址、传输层协议以及 2 层 MAC

5. 配置 ACL 访问控制时，以下 (　　) 命令可以实现"仅允许 192.168.1.0/24 网段的主机对 192.168.3.7/24 进行 telnet 管理"。

A. acl 2000

    rule 10 permit source 192.168.1.0 0.0.0.255

B. acl 3000

    rule 10 permit tcp 192.168.1.0 0.0.0.255

    rule 15 deny

C. acl 3000

    rule 1 permit tcp source 192.168.1.0 0.0.0.255 source-port eq 23 destination 192.168.3.7 0

    rule 10 deny tcp

D. acl 3550

    rule 10 permit tcp source 192.168.1.0 0.0.0.255 destination 192.168.3.7 0 destination-port eq 23

    rule 20 deny ip

扫码看答案

第 12 章

网络地址转换

▶ 本章目标

- 理解 NAT 的原理；
- 掌握动态 NAT 和静态 NAT 的配置的步骤及命令；
- 掌握动态 PAT(NAPT、Easy IP)的配置的步骤及命令；
- 掌握静态 PAT(NAT Server)的配置的步骤及命令。

▶ 问题导向

- NAT 的作用是什么？
- NAPT 有什么功能和特点？
- Easy IP 的应用场景是什么？
- NAT Server 的作用是什么？
- NAT 转换中的单向与双向分别是什么意思？

12.1 NAT 的原理与配置

12.1.1 NAT 的原理

1. NAT

NAT(Network Address Translation，网络地址转换)技术产生的背景是由于上网需求量巨大，导致 IPv4 公网地址短缺。如图 12.1 所示，内部网络中的主机可以使用私有地址，共用几个公网地址，由路由器做地址转换，从而实现上网的需求。

那么路由器如何进行地址转换呢？路由器使用公网地址替换源 IP 地址，然后将数据包转发出去，如图 12.2 所示。

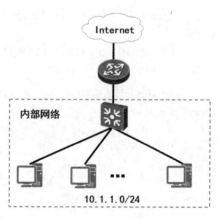

图 12.1   NAT(1)

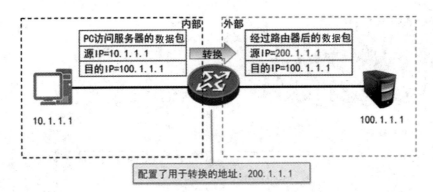

图 12.2　NAT(2)

当数据包返回时，路由器又如何处理呢？路由器会记录一张 NAT 转换表。为了便于理解，我们看一下简化的 NAT 转换表，如表 12-1 所示。当数据包返回时，路由器根据 NAT 转换表再做处理。

表 12-1　NAT 转换表

协议	内部私有 IP 地址	内部公有 IP 地址	外部公有 IP 地址
TCP	10.1.1.1	200.1.1.1	100.1.1.1

2. NAT 的类型

对于 NAT 的分类及名称，各厂商都有不同的标准。例如，思科、华为就有很大的区别。本章先介绍不太实用的 NAT，再介绍应用普遍的 PAT(端口转换，严格说它也属于 NAT)。

NAT 分为静态 NAT 和动态 NAT。

1) 静态 NAT

静态 NAT 实现了私有地址和公网地址的一对一映射，一个公网 IP 地址只会分配给唯一且固定的内网主机。静态转换是双向的，即内外网双方可以互相访问。

2) 动态 NAT

动态 NAT 基于地址池来实现私有地址和公网地址的转换，虽然也是一对一映射，但不是固定的，在华为也称其为 Basic NAT。动态转换是单向的，即只能从内网去访问外网，反之则不能访问。

12.1.2　动态 NAT 的配置

如图 12.3 所示，使用 eNSP 搭建实验环境，该环境供本章所有实验使用。

动态 NAT 在实际工作中很少用到，这里通过一个实验来熟悉其配置，要求将内部网络地址 10.1.1.0/24 转换为公网地址 200.1.1.1～200.1.1.10/28 来访问外网，测试 PC1 能 ping 通 Server3 并抓包查看其地址转换过程。

微课视频 023

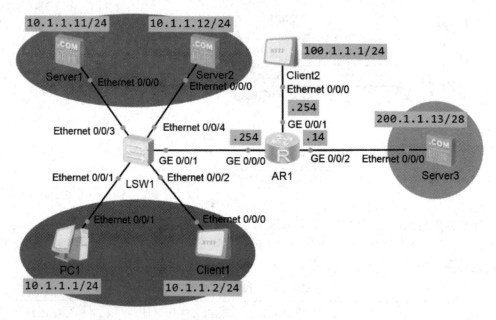

图 12.3　动态 NAT 配置案例

案例的步骤及配置命令如下：

(1) 配置路由器接口的 IP 地址等的过程省略。

(2) 在路由器上配置动态 NAT：

　　//定义访问控制列表

　　[AR1]acl 2000

　　[AR1-acl-basic-2000]rule 5 permit source 10.1.1.0 0.0.0.255

　　[AR1-acl-basic-2000]quit

　　//定义 NAT 地址池，地址池编号为 1

　　[AR1]nat address-group 1 200.1.1.1 200.1.1.10

　　//在外部接口上启用 NAT

　　[AR1]int g0/0/2

　　[AR1-GigabitEthernet0/0/2]nat outbound 2000 address-group 1 no-pat

(3) 查看 NAT 配置：

　　[AR1]dis nat outbound

　　　NAT Outbound Information:

Interface	Acl	Address-group/IP/Interface	Type
GigabitEthernet0/0/2	2000	1	no-pat

　　Total : 1

（4）测试 PC1 能 ping 通 Server3，然后查看 NAT 转换表。

```
[AR1]dis nat session all
  NAT Session Table Information:


     Protocol            : ICMP(1)
  SrcAddrVpn       : 10.1.1.1
  DestAddrVpn        : 200.1.1.13
     Type Code IcmpId  : 0    8     43982
     NAT-Info
       New SrcAddr        : 200.1.1.1
       New DestAddr      : ----
       New IcmpId         : ----


  Total : 1
```

在路由器 G0/0/2 接口处抓包，源地址已做转换，如图 12.4 所示。

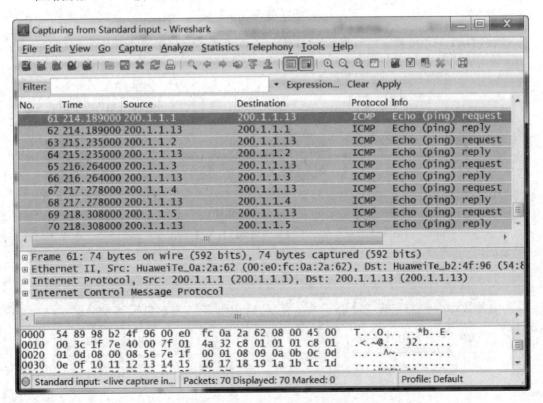

图 12.4　动态 NAT 抓包

此时在 Server3 上 ping 不通 PC1，说明动态 NAT 是单向的，如图 12.5 所示。

图 12.5　动态 NAT 的单向测试

动态 NAT 的地址转换过程如图 12.6 所示。

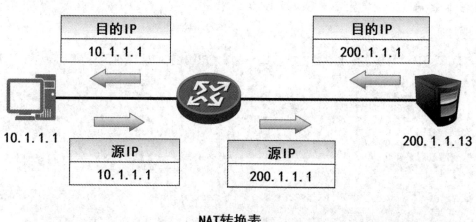

NAT转换表

协议	内部私有IP地址	内部公有IP地址	外部公有IP地址
ICMP	10.1.1.1	200.1.1.1	200.1.1.13

图 12.6　动态 NAT 地址的转换过程

12.1.3　静态 NAT 的配置

使用 eNSP 搭建实验环境，如图 12.7 所示。

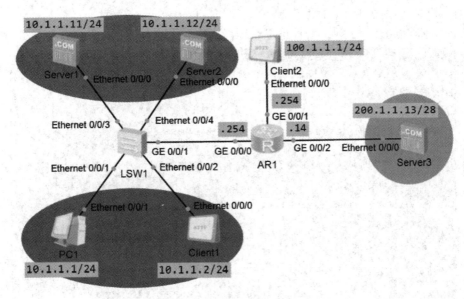

图 12.7　静态 NAT 配置案例

要求将内部 IP 地址 10.1.1.11/24、10.1.1.12/24 静态转换为外部公有 IP 地址 200.1.1.11/
28、200.1.1.12/28，以便其访问外网(Server3)或被外网(Server3)访问，然后验证静态 NAT
是双向转换的，并且进行抓包分析。

案例步骤及配置命令如下：

(1) 配置路由器接口的 IP 地址等的过程省略。

(2) 在路由器上配置静态 NAT：

微课视频 024

　　[AR1]int g0/0/2

　　[AR1-GigabitEthernet0/0/2]nat static global 200.1.1.11 inside 10.1.1.11

　　[AR1-GigabitEthernet0/0/2] nat static global 200.1.1.12 inside 10.1.1.12

(3) 查看 NAT 配置，如图 12.8 所示。

```
<Huawei>dis nat static
 Static Nat Information:
 Interface : GigabitEthernet0/0/2
   Global IP/Port      : 200.1.1.11/----
   Inside IP/Port      : 10.1.1.11/----
   Protocol : ----
   VPN instance-name   : ----
   Acl number          : ----
   Netmask : 255.255.255.255
   Description : ----

   Global IP/Port      : 200.1.1.12/----
   Inside IP/Port      : 10.1.1.12/----
   Protocol : ----
   VPN instance-name   : ----
   Acl number          : ----
   Netmask : 255.255.255.255
   Description : ----

   Total :    2
<Huawei>
```

图 12.8　查看 NAT 配置

(4) 测试：分别在 Server1 和 Server2 上可以 ping 通 Server3。

在路由器 G0/0/2 口抓包，源地址已做转换，如图 12.9 所示。

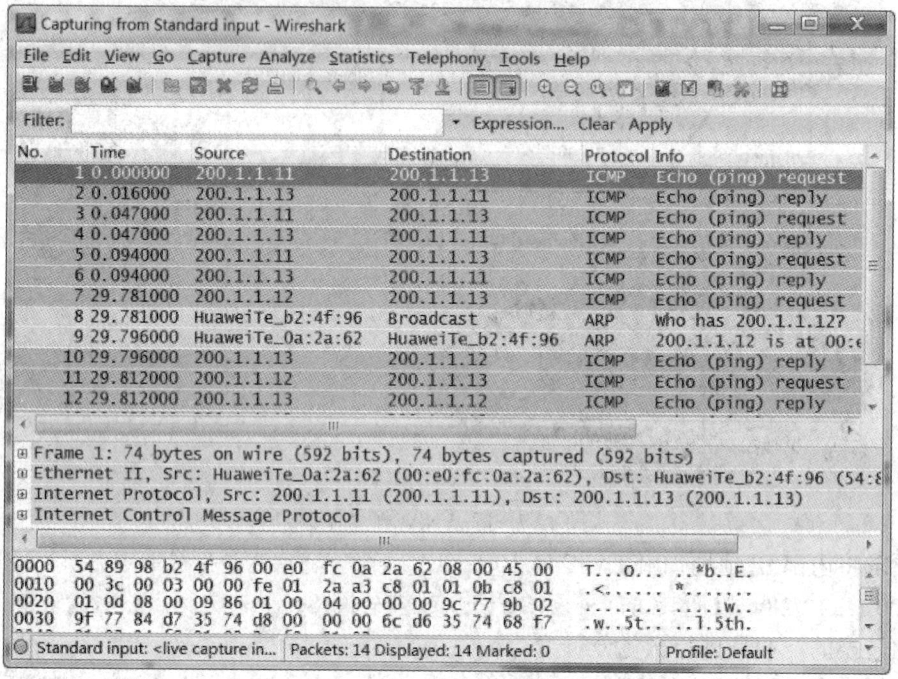

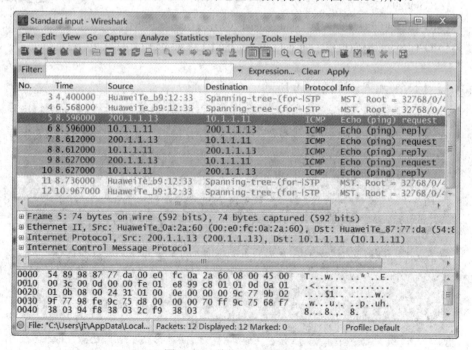

图 12.9　静态 NAT 抓包(1)

Server3 可以 ping 通 Server1(200.1.1.11)，说明静态 NAT 是双向的。

在交换机 Ethernet 0/0/3 口抓包，目的地址已做转换，如图 12.10 所示。

图 12.10　静态 NAT 抓包(2)

12.2　PAT 的原理与配置

12.2.1　PAT 的原理

PAT(Port Address Translation，端口地址转换)技术是改变数据包的 IP 地址和端口号，这样就能够大量节省公网的 IP 地址，因此在实际工作中被广泛应用。

PAT 分为动态 PAT 和静态 PAT。

1. 动态 PAT

动态 PAT 改变外出数据包的源 IP 地址和源端口并进行端口地址的转换，内部网络的所有主机均可共享一个合法的外部 IP 地址来访问互联网，从而最大限度地节约 IP 地址资源。与动态 NAT 一样，动态 PAT 也是单向的。

动态 PAT 包括 NAPT 和 Easy IP，NAPT 允许多个内部地址映射到同一个公有地址的不同端口；而 Easy IP 属于 NAPT 的一种特例，允许将多个内部地址映射到网关出接口地址上的不同端口，即公有地址直接使用网关设备的外网口。

2. 静态 PAT

静态 PAT 改变数据包的 IP 地址和端口号。与静态 NAT 一样，静态 PAT 也是双向的。

实际应用中一般是将内网的服务器发布出去，由外网发起向内网的访问，华为称之为 NAT Server。

12.2.2　动态 PAT 的配置

1. NAPT 的配置案例

如图 12.11 所示，公司要求将内部网络 10.1.1.0/24 转换为一个公网地址 200.1.1.10/28 来实现上网(即可以访问 Server3)。

案例步骤及配置命令如下：

(1) 配置路由器接口 IP 地址等基本配置的过程省略。

(2) 在路由器上配置 NAPT：

```
//首先清除之前的配置
[AR1]undo nat address-group 1
[AR1]int g0/0/2
[AR1-GigabitEthernet0/0/2]undo nat outbound 2000 address-group 1 no-pat

//定义访问控制列表
[AR1]acl 2000
[AR1-acl-basic-2000]rule 5 permit source 10.1.1.0 0.0.0.255
[AR1-acl-basic-2000]quit
//定义 NAT 地址池，地址池编号为 1
```

[AR1]nat address-group 1 200.1.1.10 200.1.1.10

//在外部接口上启用 PAT

[AR1]int g0/0/2

[AR1-GigabitEthernet0/0/2]nat outbound 2000 address-group 1

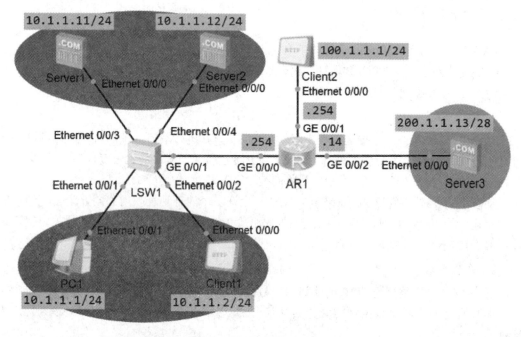

图 12.11　NAPT 配置案例

(3) 查看 NAPT 配置，如图 12.12 所示。

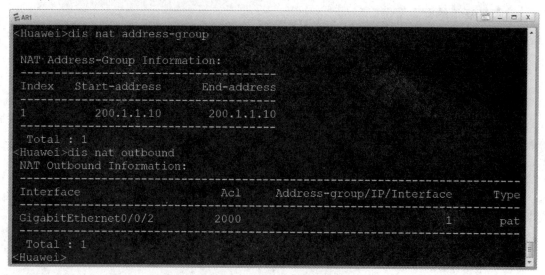

图 12.12　查看 NAPT 配置

(4) 测试。在 Server3 搭建 HttpServer，使 Client1 能够访问 HttpServer。
在路由器 G0/0/2 口抓包，可以看到源端口为 1320，如图 12.13 所示。

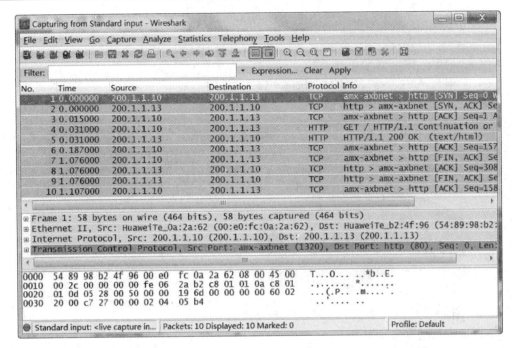

图 12.13 NAPT 抓包

总结 NAPT 的地址转换过程如图 12.14 所示。

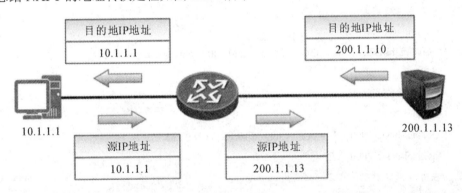

NAT转换表

协议	内部私有IP地址	内部公有IP地址	外部公有IP地址
TCP	10.1.1.1:2050	200.1.1.10:1320	200.1.1.13

图 12.14 NAPT 地址转换过程

2. Easy IP 的配置案例

公司路由器外部接口是动态 IP，如何使内部网络主机 10.1.1.0/24 利用 PAT 上网？

公司要求将内部网络主机 10.1.1.0/24 转换为路由器外部接口来实现上网(即可以访问 Server3)，如图 12.15 所示。

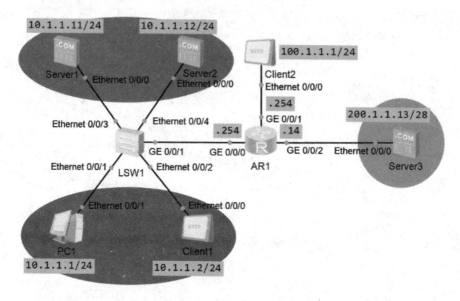

图 12.15　Easy IP 配置案例

案例步骤及配置命令如下：

(1) 配置路由器接口 IP 地址等基本配置的过程省略。

(2) 在路由器上配置 Easy IP：

　　//首先清除之前的配置

　　[AR1]int g0/0/2

　　[AR1-GigabitEthernet0/0/2]undo nat outbound 2000 address-group 1

　　//定义访问控制列表

　　[AR1]acl 2000

　　[AR1-acl-basic-2000]rule 5 permit source 10.1.1.0 0.0.0.255

　　[AR1-acl-basic-2000]quit

　　//在外部接口上启用 PAT

　　[AR1]int g0/0/2

　　[AR1-GigabitEthernet0/0/2]nat outbound 2000

(3) 查看 Easy IP 配置，如图 12.16 所示。

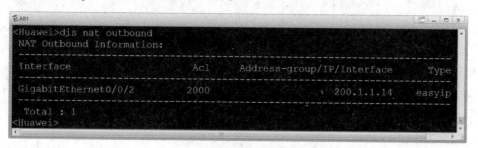

图 12.16　查看 Easy IP 配置

(4) 测试。在 Server3 搭建 HttpServer，使 Client1 能够访问 HttpServer。

在路由器 G0/0/2 口抓包，可以看到源端口为 40，如图 12.17 所示。

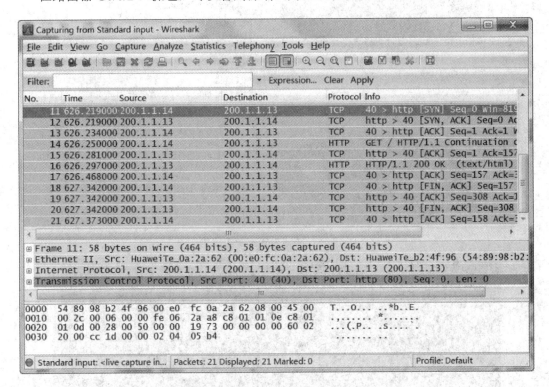

图 12.17　Easy IP 抓包

12.2.3　静态 PAT 的配置

我们介绍实际应用比较多的 NAT Server，即将内网的服务器发布出去，由外网发起向内网的访问。

如图 12.18 所示，将内部地址 10.1.1.11/24 的 80 端口静态转换为公网地址 200.1.1.11/28 的 80 端口，将内部地址 10.1.1.12/24 的 21 端口静态转换为公网地址 200.1.1.12/28 的 21 端口，以便被外网(Client2)访问。

案例步骤及配置命令如下：

(1) 配置路由器接口 IP 地址等基本配置的过程省略。

(2) 在路由器上配置 NAT Server

[AR1]int g0/0/1

[AR1-GigabitEthernet0/0/1]nat server protocol tcp global 200.1.1.12 21 inside 10.1.1.12 21

[AR1-GigabitEthernet0/0/1]nat server protocol tcp global 200.1.1.11 80 inside 10.1.1.11 80

(3) 查看 NAT Server 配置，如图 12.19 所示。

(4) 测试。在 Server1 搭建 HttpServer，使 Client2 能够访问 HttpServer。

在交换机 E0/0/3 口抓包，可以看到源端口为 2050，如图 12.20 所示。

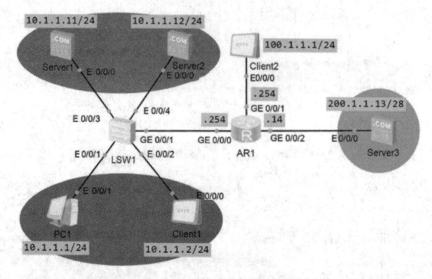

图 12.18　NAT Server 配置案例

```
<Huawei>dis nat server

  Nat Server Information:
  Interface  : GigabitEthernet0/0/1
    Global IP/Port     : 200.1.1.12/21(ftp)
    Inside IP/Port     : 10.1.1.12/21(ftp)
    Protocol : 6(tcp)
    VPN instance-name  : ----
    Acl number         : ----
    Description : ----

    Global IP/Port     : 200.1.1.11/80(www)
    Inside IP/Port     : 10.1.1.11/80(www)
    Protocol : 6(tcp)
    VPN instance-name  : ----
    Acl number         : ----
    Description : ----

  Total :    2
<Huawei>
```

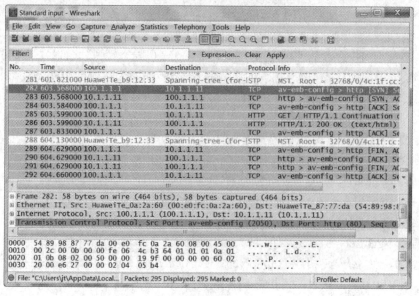

图 12.19　查看 NAT Server 配置

图 12.20　NAT Server 抓包

本 章 小 结

NAT(Network Address Translation，网络地址转换)技术是改变数据包的 IP 地址，PAT 技术(Port Address Translation，端口地址转换)是改变数据包的 IP 地址和端口号，PAT 能够大量节省公网的 IP 地址，因此在实际工作中被广泛应用。

NAT 分为静态 NAT 和动态 NAT(华为称之为 Basic NAT)，PAT 分为动态 PAT(包括 NAPT 和 Easy IP)和静态 PAT(实际应用中比较多的是 NAT Server)。

静态 NAT 实现了私有地址和公网地址的一对一映射，一个公网 IP 地址只会分配给唯一且固定的内网主机。静态转换是双向的，即内外网双方可以互相访问。

动态 NAT 基于地址池来实现私有地址和公网地址的转换，虽然也是一对一映射，但不是固定的，动态转换是单向的，即只能从内网去访问外网，反之则不能访问。

动态 PAT 改变外出数据包的源 IP 地址和源端口并进行端口地址的转换，内部网络的所有主机均可共享一个合法的外部 IP 地址来访问互联网，从而最大限度地节约 IP 地址资源。与动态 NAT 一样，动态 PAT 也是单向的。

动态 PAT 包括 NAPT 和 Easy IP，NAPT 允许多个内部地址映射到同一个公有地址的不同端口；而 Easy IP 属于 NAPT 的一种特例，允许将多个内部地址映射到网关出接口地址上的不同端口，即公有地址直接使用网关设备的外网口。

静态 PAT 改变数据包的 IP 地址和端口号，与静态 NAT 一样，静态 PAT 也是双向的。实际应用中一般是将内网的服务器发布出去，由外网发起向内网的访问，华为称之为 NAT Server。

习 题

1. 关于 NAT，以下描述错误的是 (　　)。

A. 可以实现内网私有地址与外网公有地址之间的转换，实现对 Internet 的访问

B. 分为静态和动态两种类型

C. 因为静态 NAT 中私有地址与公有地址是 1:1，所以实际环境中不使用

D. 可以实现对公司内部网络架构的保护

2. 对于 NAT 转换表和路由表的理解，以下描述正确的是 (　　)。

A. 转发数据时，两个表之间没有任何联系

B. 内网访问外网时，首先查看 NAT 表，再查看路由表

C. 内网访问外网时，首先查看路由表，再查看 NAT 表

D. 外网访问内网时，首先查看路由表，再查看 NAT 表

3. NAT 地址转换技术不可以实现 (　　) 功能。

A. 内网私有地址用户对 Internet 的访问

B. 实现对 Web 流量的过滤

C. 外网用户对内网服务器的访问

D. 隔离外网用户对内网网络架构的探测

4. 企业内 2 个部门分属于 vlan10 和 vlan20，其 IP 地址范围分别为 192.168.10.0/24 和 192.168.20.0/24。在公司的边界设备上配置了指向 ISP 的默认路由以及以下命令：

GW：

acl 2000

rule 10 permit source 192.168.10.0 0.0.0.255

!

Interface gi0/0/0

ip address 192.168.10.254　24

nat outbound 2000

关于此配置结果，以下描述正确的是（　　）。

A. vlan 10 用户可以访问 Internet

B. vlan 20 用户可以访问 Internet

C. acl 2000 配置有误，通配符应该是 0.0.0.0

D. Nat 命令调用端口错误，应配置在连接外网的端口

扫码看答案

第 13 章

OSPF 动态路由协议

▶ 本章目标

- 理解 OSPF 的基本概念、DR 和 BDR 之间的区别；
- 理解 OSPF 邻接关系的建立过程；
- 理解 OSPF 多区域及路由器的类型；
- 掌握 OSPF 单区域和多区域的基本配置步骤及命令。

▶ 问题导向

- Router ID 的选取规则是什么？
- DR 和 BDR 的选举方法是什么？
- OSPF 邻接关系的建立过程是什么？
- OSPF 路由器类型有哪些？

13.1 OSPF 基 础

13.1.1 OSPF 的原理

1. 动态路由协议

我们之前学习过静态路由，静态路由需要管理员手工配置，这在网络规模较小时不会有什么问题。如果网络规模很大，则网络拓扑的变化可能比较频繁，需要配置的路由就会很复杂，那么静态路由就不合适了，此时需要引入动态路由。

动态路由协议是路由器之间用来交换信息的语言，使路由器之间能够互相学习，不需要管理员手工配置路由。动态路由协议虽然减少了管理任务，但是会占用网络带宽。

根据作用范围的不同，动态路由协议分为内部网关协议和外部网关协议两类，如图 13.1 所示。

(1) 内部网关路由协议(IGP)：在一个自治系统内部运行，常见的 IGP 包括 RIP、OSPF 和 IS-IS。

(2) 外部网关路由协议(EGP)：运行在不同自治系统之间，通常使用的是 BGP。

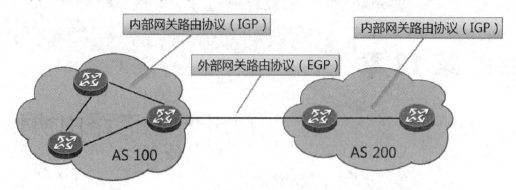

图 13.1　动态路由协议按作用范围分类

根据路由算法的不同，动态路由协议分为距离矢量路由协议和链路状态路由协议两类。

(1) 距离矢量路由协议：依据从源网络到目标网络所经过的路由器的个数来选择路由，如 RIP、IGRP。

(2) 链路状态路由协议：综合考虑从源网络到目标网络的各条路径的情况来选择路由，如 OSPF、IS-IS。

2. OSPF

OSPF(Open Shortest Path First，开放式最短路径优先)是一种基于链路状态进行路由计算的动态路由协议，主要用于大中型网络。目前针对 IPv4 协议使用的是 OSPF Version 2 版本。

每台 OSPF 路由器根据自己周围的网络拓扑结构生成 LSA(Link-State Advertisement，链路状态通告)，并通过更新报文将 LSA 发送给网络中的其他 OSPF 路由器。每台 OSPF 路由器都会收集其他路由器通告的 LSA，最终形成统一的 LSDB(Link State Database，链路状态数据库)，如图 13.2 所示。

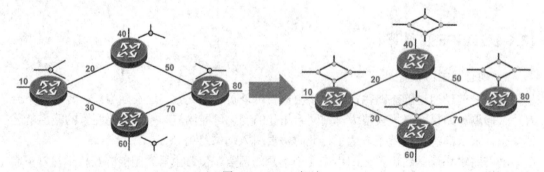

图 13.2　OSPF 概述

OSPF 路由器将 LSDB 转换成一张带权的有向图，这张图便是对整个网络拓扑结构的真实反映，各个路由器得到的有向图是完全相同的。每台路由器根据有向图，使用 SPF 算法计算出一棵以自己为根的最短路径树，这棵树给出了它到自治系统中各节点的路由，如图 13.3 所示。

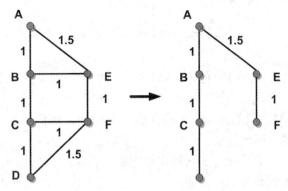

图 13.3　OSPF 转换后的有向图

OSPF 路由协议的特点如下:

(1) 适应范围广: 支持各种规模的网络, 最多可支持几百台路由器。

(2) 快速收敛: 在网络的拓扑结构发生变化后立即发送更新报文, 使该变化在自治系统中同步。

(3) 无自环: 由于 OSPF 根据收集到的链路状态用最短路径树算法计算路由, 因此从算法本身保证了不会生成自环路由。

(4) 区域划分: 允许自治系统的网络被划分成区域来管理。

路由器链路状态数据库的减小降低了内存的消耗和 CPU 的负担, 区域间传送路由信息的减少降低了网络带宽的占用率。

(5) 等价路由: 支持到同一目的地址的多条等价路由。

(6) 路由分级: 使用 4 类不同的路由, 按优先级顺序分别是区域内路由、区域间路由、第一类外部路由、第二类外部路由。

(7) 支持验证: 支持基于接口的报文验证, 以保证报文的交互和路由计算的安全性。

(8) 组播发送: 在某些类型的链路上以组播地址的形式来发送协议报文, 以减少对其他设备的干扰。

3. OSPF 的基本概念

1) OSPF 区域

自治系统(Autonomous System)是一组使用相同路由协议来交换路由信息的路由器组成的系统, 缩写为 AS。

为了适应大型网络, OSPF 在 AS 内划分了多个区域, 每个 OSPF 路由器只维护所在区域的完整链路状态信息, 如图 13.4 所示。

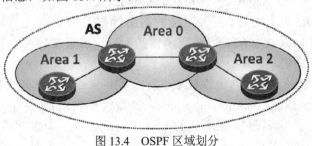

图 13.4　OSPF 区域划分

2) 区域 ID

区域 ID 可以表示成一个十进制的数字，也可以表示成一个 IP 地址的格式。

3) 骨干区域

OSPF 划分区域之后，并非所有的区域都是平等的关系，其中有一个区域的区域号(Area ID)是 0，它通常被称为骨干区域。

骨干区域负责区域之间的路由，非骨干区域之间的路由信息必须通过骨干区域来转发。对此，OSPF 有如下两个规定：

(1) 所有非骨干区域必须与骨干区域保持连通。

(2) 骨干区域自身也必须保持连通。

但在实际应用中，可能会因为各方面条件的限制，无法满足上述要求，这时可以通过配置 OSPF 虚连接(Virtual Link)来解决。

4) 路由器 ID

一台路由器如果要运行 OSPF 协议，则必须存在 RID(Router ID，路由器 ID)。RID 是一个 32 bit 的无符号整数，可以在一个自治系统中唯一地标识一台路由器。

RID 可以手工配置，既可以使用 router-id 命令指定 Router ID，也可以自动生成。

如果没有通过命令指定 RID，则按照如下顺序自动生成一个 RID。

(1) 如果当前设备配置了 Loopback 接口，则选取所有 Loopback 接口上数值最大的 IP 地址作为 RID。

(2) 如果当前设备没有配置 Loopback 接口，则选取它所有已经配置 IP 地址且链路有效的接口上数值最大的 IP 地址作为 RID。

5) 度量值

OSPF 的度量值为 Cost，最短路径是基于接口指定的代价(Cost)来计算的，即

$$Cost= 参考带宽/实际带宽$$

默认参考带宽为 100 Mb/s。当计算结果有小数位时，只取整数位；当结果小于 1 时，Cost 取 1。例如，Fast Ethernet 接口的 Cost 为 1。

6) OSPF 的协议报文

OSPF 数据包承载在 IP 数据包内，使用协议号 89。OSPF 有如下五种类型的协议报文：

(1) Hello 报文：周期性发送，用来发现和维持 OSPF 邻居节点关系。

(2) DD(Database Description，数据库描述)报文：描述了本地 LSDB 中每一条 LSA 的摘要信息，用于两台路由器进行数据库的同步。

(3) LSR(Link State Request，链路状态请求)报文：向对方请求所需的 LSA。两台路由器互相交换 DD 报文之后，得知对端的路由器有哪些 LSA 是本地的 LSDB 所缺少的，这时需要发送 LSR 报文向对方请求所需的 LSA。该报文的内容包括所需要的 LSA 的摘要。

(4) LSU(Link State Update，链路状态更新)报文：向对方发送其所需要的 LSA。

(5) LSAck(Link State Acknowledgment，链路状态确认)报文：用来对收到的 LSA 进行确认。该报文的内容是需要确认的 LSA 的 Header(一个报文可对多个 LSA 进行确认)。

7) 邻居和邻接

在 OSPF 中，邻居(Neighbor)和邻接(Adjacency)是两个不同的概念。

OSPF 路由器启动后，便会通过 OSPF 接口向外发送 Hello 报文。收到 Hello 报文的 OSPF 路由器会检查报文中所定义的参数，如果双方的参数一致就会形成邻居关系。

形成邻居关系的双方不一定都能形成邻接关系，只有当双方成功交换 DD 报文、交换 LSA 并达到 LSDB 的同步之后，才形成真正意义上的邻接关系。

4. OSPF 的网络类型

OSPF 根据链路层协议类型将网络分为以下四种类型：

1) Broadcast(广播型多路访问)网络

网络本身支持广播功能。当链路层协议是 Ethernet、FDDI 时，OSPF 缺省认为网络类型是 Broadcast。在该类型的网络中，OSPF 通常以组播形式(224.0.0.5 和 224.0.0.6)发送协议报文。

2) NBMA(Non-Broadcast Multi-Access，非广播型多路访问) 网络

当链路层协议是帧中继、ATM 或 X.25 时，OSPF 缺省认为网络类型是 NBMA。在该类型的网络中，以单播形式发送协议报文。

3) P2MP(Point-to-MultiPoint，点到多点型)网络

点到多点必须是由其他网络类型强制更改的，常用做法是将 NBMA 改为点到多点的网络。在该类型的网络中，缺省情况下以组播形式(224.0.0.5)发送协议报文，且可以根据用户需要，以单播形式发送协议报文。

4) P2P(Point-to-Point，点到点型)网络

当链路层协议是 PPP、HDLC 时，OSPF 缺省认为网络类型是 P2P。在该类型的网络中，以组播形式(224.0.0.5)发送协议报文。

5. DR 和 BDR

1) DR 和 BDR

在广播网和 NBMA 网络中，任意两台路由器之间都要交换路由信息。如果网络中有 n 台路由器，则需要建立 n(n-1)/2 个邻接关系，如图 13.5 所示。

这使得任何一台路由器的路由信息变化都会被多次传递，浪费了带宽资源。为解决这一问题，OSPF 协议定义了指定路由器(Designated Router，DR)，所有路由器都只将信息发送给 DR，由 DR 将网络链路状态发送出去，如图 13.6 所示。

为避免 DR 由于某种故障而失效，OSPF 提出了 BDR(Backup Designated Router，备份指定路由器)的概念。BDR 是对 DR 的一个备份，BDR 也和本网段内的所有路由器建立邻接关系并交换路由信息。当 DR 失效后，BDR 会立即成为 DR。

DR 和 BDR 之外的路由器(称为 DR Other)之间将不再建立邻接关系，也不再交换任何路由信息，这样就减少了广播网和 NBMA 网络上各路由器之间邻接关系的数量，如图 13.7 所示。可以看到，采用 DR/BDR 机制后，5 台路由器之间只需要建立 7 个邻接关系就可以了。

图 13.5　DR 和 BDR(1)

图 13.6　DR 和 BDR(2)

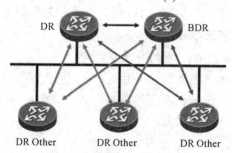

图 13.7　DR 和 BDR(3)

2) DR 和 BDR 的选举过程

　　DR 和 BDR 是由同一网段中所有的路由器根据路由器优先级、Router ID 通过 HELLO 报文选举出来的，只有优先级大于 0 的路由器才具有选取资格。

　　路由器优先级范围是 0～255，默认为 1，数值越大，优先级越高。

　　进行 DR/BDR 选举时每台路由器将自己选出的 DR 写入 Hello 报文中，发给网段上的每台运行 OSPF 协议的路由器，如图 13.8 所示。当处于同一网段的两台路由器同时宣布自己是 DR 时，路由器优先级高者胜出。如果优先级相等，则 Router ID 大者胜出。如果一台路由器的优先级为 0，则它不会被选举为 DR 或 BDR。

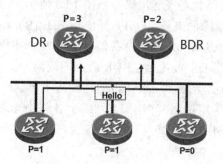

图 13.8　DR 和 BDR 的选举过程

需要注意以下问题。

(1) 只有在广播或 NBMA 类型接口时才会选举 DR，在点到点或点到多点类型的接口上不需要选举 DR。

(2) DR 是在某个网段中的概念，是针对路由器的接口而言的。某台路由器在一个接口上可能是 DR，在另一个接口上有可能是 BDR，或者是 DR Other。

(3) 路由器的优先级可以影响一个 DR / BDR 的选举过程。如果当 DR/BDR 已经选举完毕，就算一台具有更高优先级的路由器变为有效，但是也不会替换该网段中已经选举的 DR/BDR 成为新的 DR/BDR。

13.1.2　OSPF 的邻接关系

前面我们介绍过，OSPF 路由器启动后，便会通过 OSPF 接口向外发送 Hello 报文。收到 Hello 报文的其他 OSPF 路由器会检查报文中所定义的参数，如果双方的参数一致就会形成邻居关系。形成邻居关系的双方不一定都能形成邻接关系，只有当双方成功交换 DD 报文，交换 LSA 并达到 LSDB 的同步之后，才能形成真正意义上的邻接关系。那么邻接关系的形成过程是怎样的呢？

1. OSPF 启动的第一个阶段

是 OSPF 路由器之间使用 Hello 报文建立双向通信的过程，如图 13.9 所示。

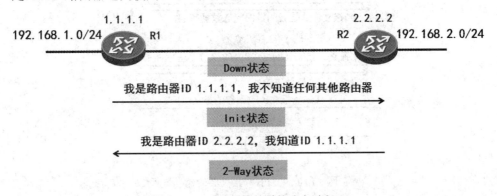

图 13.9　OSPF 邻接关系的建立过程(1)

1) 状态的含义

(1) Down：这是邻居的初始状态，表示没有从邻居收到任何信息。

(2) Init：在此状态下，路由器已经从邻居收到了 Hello 报文，但是自己的 Router ID 不在所收到的 Hello 报文的邻居列表中，表示尚未与邻居建立双向通信关系。

(3) 2-Way：在此状态下，路由器发现自己的 Router ID 存在于收到的 Hello 报文的邻居列表中，已确认可以双向通信。

2) 邻居建立的过程

其建立过程分为如下几步：

(1) R1 和 R2 的 Router ID 分别为 1.1.1.1 和 2.2.2.2。当 R1 启动 OSPF 后，R1 会发送第一个 Hello 报文。此报文中邻居列表为空，此时状态为 Down，R2 收到 R1 的这个 Hello 报文，将其状态置为 Init。

(2) R2 发送 Hello 报文，此报文中邻居列表为空，R1 收到 R2 的 Hello 报文，将其状态置为 Init。

(3) R2 向 R1 发送邻居列表为 1.1.1.1 的 Hello 报文，R1 在收到的 Hello 报文邻居列表中发现自己的 Router ID，将其状态置为 2-Way。

(4) R1 向 R2 发送邻居列表为 2.2.2.2 的 Hello 报文，R2 在收到的 Hello 报文邻居列表中发现自己的 Router ID，将其状态置为 2-Way。

如果在当前链路上，R1 和 R2 都是 DR other 路由器，它们之间的邻接状态也就停留在 2-Way 的状态。如果 R1 和 R2 有一个是 DR/BDR(在邻居建立过程中选举产生)，它们就还需要进一步建立邻接关系。

2. OSPF 启动的第二个阶段

是 OSPF 路由器之间建立完全邻接关系的过程，如图 13.10 所示。

图 13.10　OSPF 邻接关系的建立过程(2)

1) 状态的含义

(1) ExStart：邻居状态变成此状态以后，路由器开始向邻居发送 DD 报文。Master/Slave 的关系是在此状态下形成的，初始 DD 序列号也是在此状态下确定的。在此状态下发送的 DD 报文不包含链路状态的描述。

(2) Exchange：在此状态下，路由器与邻居之间相互发送包含链路状态信息摘要的 DD 报文。

(3) Loading：在此状态下，路由器与邻居之间相互发送 LSR 报文、LSU 报文、LSAck 报文。

(4) Full：LSDB 同步过程完成，路由器与邻居之间形成了完全的邻接关系。

2) LSDB 同步的过程

其建立过程分为如下几步：

(1) R1 和 R2 的 Router ID 分别为 1.1.1.1 和 2.2.2.2 并且二者已建立了邻居关系。当 R1 的邻居状态变为 ExStart 后，R1 会发送第一个 DD 报文，并且宣告自己为 Master。

(2) 当 R2 的邻居状态变为 ExStart 后，R2 会发送第一个 DD 报文。因为 R2 的 Router ID 较大，所以 R2 将成为真正的 Master。收到此报文后，R1 将邻居状态从 ExStart 变为 Exchange。

(3) 当 R1 的邻居状态变为 Exchange 后，R1 会发送一个新的 DD 报文，此报文中包含了 LSDB 的摘要信息，并且 R1 宣告自己为 Slave。收到此报文后，R2 将邻居状态从 ExStart 变为 Exchange。

(4) 当 R2 的邻居状态变为 Exchange 后，R2 会发送一个新的 DD 报文，此报文包含了 LSDB 的摘要信息，并且 R2 宣告自己为 Master。

(5) 虽然 R1 不需要发送新的包含 LSDB 摘要信息的 DD 报文，但是作为 Slave，R1 需要对 Master 发送的每一个 DD 报文进行确认。R1 向 R2 发送一个新的 DD 报文，该报文内容为空。在发送完此报文后，R1 将邻居状态变为 Loading。R2 收到此报文后，若发现所有的 LSA 信息在 LSDB 中都存在，则直接进入 Full 状态。

(6) R1 开始向 R2 发送 LSR 报文，请求在 Exchange 状态下通过 DD 报文发现的、并且在本地 LSDB 中没有的链路状态的信息。

(7) R2 向 R1 发送 LSU 报文，LSU 报文中包含了被请求的链路状态的详细信息。R1 在完成 LSU 报文的接收之后，会将邻居状态从 Loading 变为 Full。

(8) R1 向 R2 发送 LSAck 报文，作为对 LSU 报文的确认。R2 收到 LSAck 报文后，双方便建立起了完全的邻接关系。

13.1.3　OSPF 的单域配置

1. 基本配置命令

//启动 OSPF 进程(进程编号为 1)

[Huawei]ospf 1

//在区域中宣告网络

[Huawei-ospf-1]area 0

[Huawei-ospf-1-area-0.0.0.0]network 192.168.1.0 0.0.0.255

//查看 OSPF 摘要信息

[Huawei]display ospf　brief

//查看 OSPF 邻接表

[Huawei]display ospf peer brief

//查看 OSPF 路由表

[Huawei]display ip routing-table protocol ospf

2. OSPF 单域配置案例

使用 eNSP 搭建实验环境，要求配置 OSPF 实现全网互通，并使用命令来验证配置，如图 13.11 所示。

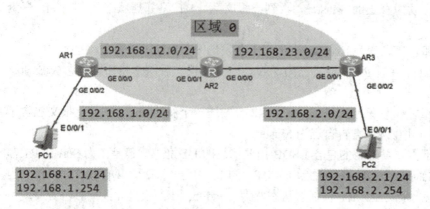

微课视频 025

图 13.11　OSPF 单域配置案例

案例的步骤及配置命令如下：

(1) PC 机的基本配置的过程省略。

(2) 配置路由器接口：

//R1 的配置

[R1]interface GigabitEthernet 0/0/2

[R1-GigabitEthernet 0/0/2] ip address 192.168.1.254 255.255.255.0

[R1-GigabitEthernet 0/0/2] quit

[R1]interface GigabitEthernet 0/0/0

[R1-GigabitEthernet 0/0/0] ip address 192.168.12.1 255.255.255.0

[R1-GigabitEthernet 0/0/0] quit

//R2 的配置

[R2]interface gi0/0/0

[R2-GigabitEthernet 0/0/0] ip address 192.168.23.2 255.255.255.0

[R2-GigabitEthernet 0/0/0] quit

[R2]interface gi0/0/1

[R2-GigabitEthernet 0/0/1] ip address 192.168.12.2 255.255.255.0

[R2-GigabitEthernet 0/0/1] quit

//R3 的配置

[R3]interface GigabitEthernet 0/0/2

[R3-GigabitEthernet 0/0/2] ip address 192.168.2.254 255.255.255.0

[R3-GigabitEthernet 0/0/2] quit

[R3]interface GigabitEthernet 0/0/1

[R3-GigabitEthernet 0/0/1] ip address 192.168.23.3 255.255.255.0

[R3-GigabitEthernet 0/0/1] quit

(3) 配置 OSPF：

```
[R1]ospf 1 router-id 1.1.1.1          //启用 OSPF 进程 1，配置 router-id 为 1.1.1.1
[R1-ospf-1]area  0                     //进入 OSPF 区域 0
[R1-ospf-1-area-0.0.0.0]network  192.168.12.0 0.0.0.255
[R1-ospf-1-area-0.0.0.0]network  192.168.1.0 0.0.0.255
[R1-ospf-1-area-0.0.0.0]quit


[R2]ospf 1 router-id 2.2.2.2   //启用 OSPF 进程 1，配置 router-id 为 2.2.2.2
[R2-ospf-1]area  0                     //进入 OSPF 区域 0
[R2-ospf-1-area-0.0.0.0]network  192.168.12.0 0.0.0.255
[R2-ospf-1-area-0.0.0.0]network  192.168.23.0 0.0.0.255
[R2-ospf-1-area-0.0.0.0]quit


[R3]ospf 1 router-id 3.3.3.3   //启用 OSPF 进程 1，配置 router-id 为 3.3.3.3
[R3-ospf-1]area  0                     //进入 OSPF 区域 0
[R3-ospf-1-area-0.0.0.0]network  192.168.23.0 0.0.0.255
[R3-ospf-1-area-0.0.0.0]network  192.168.2.0 0.0.0.255
[R3-ospf-1-area-0.0.0.0]quit
```

(4) 验证 OSPF 邻接表：

```
[R1]display ospf peer brief //查看 R1 的 OSPF 邻接表
 OSPF Process 1 with Router ID 1.1.1.1
        Peer Statistic Information
```

Area Id	Interface	Neighbor id	State
0.0.0.0	GigabitEthernet0/0/0	2.2.2.2	Full

```
[R2]display ospf peer brief //查看 R2 的 OSPF 邻接表
 OSPF Process 1 with Router ID 2.2.2.2
        Peer Statistic Information
```

Area Id	Interface	Neighbor id	State
0.0.0.0	GigabitEthernet0/0/1	1.1.1.1	Full
0.0.0.0	GigabitEthernet0/0/0	3.3.3.3	Full

```
[R3]display  ospf  peer  brief //查看 R3 的 OSPF 邻接表
```

```
OSPF Process 1 with Router ID 3.3.3.3
        Peer Statistic Information

----------------------------------------------------------------------------

Area Id           Interface                      Neighbor id      State
0.0.0.0           GigabitEthernet0/0/1           2.2.2.2          Full

----------------------------------------------------------------------------
```

(5) 验证 OSPF 路由表：

[R1]display ip routing-table protocol ospf //查看 R1 的 OSPF 路由表

Route Flags: R - relay, D - download to fib

```
----------------------------------------------------------------------------

Destination/Mask   Proto Pre Cost Flags NextHop    Interface
192.168.2.0/24      OSPF     10   3      D   192.168.12.2    GigabitEthernet0/0/0
192.168.23.0/24     OSPF     10   2      D   192.168.12.2    GigabitEthernet0/0/0
```

[R2]display ip routing-table protocol ospf //查看 R2 的 OSPF 路由表

Route Flags: R - relay, D - download to fib

```
----------------------------------------------------------------------------

Destination/Mask Proto   Pre Cost Flags NextHop    Interface
192.168.1.0/24      OSPF     10   2      D   192.168.12.1    GigabitEthernet0/0/1
192.168.2.0/24      OSPF     10   2      D   192.168.23.3    GigabitEthernet0/0/0
```

[R3]display ip routing-table protocol ospf //查看 R3 的 OSPF 路由表

Route Flags: R - relay, D - download to fib

```
----------------------------------------------------------------------------

Destination/Mask Proto Pre Cost Flags NextHop    Interface
192.168.1.0/24      OSPF     10   3      D   192.168.23.2    GigabitEthernet0/0/1
192.168.12.0/24     OSPF     10   2      D   192.168.23.2    GigabitEthernet0/0/1
```

(6) 测试 PC1 与 PC2 之间的连通性：

PC1>ping 192.168.2.1　　　　//在 PC1 上 ping PC2，可以互通

Ping 192.168.2.1: 32 data bytes, Press Ctrl_C to break

From 192.168.2.1: bytes=32 seq=1 ttl=125 time=31 ms

From 192.168.2.1: bytes=32 seq=2 ttl=125 time=31 ms

From 192.168.2.1: bytes=32 seq=3 ttl=125 time=16 ms

From 192.168.2.1: bytes=32 seq=4 ttl=125 time=16 ms

From 192.168.2.1: bytes=32 seq=5 ttl=125 time=31 ms

--- 192.168.2.1 ping statistics ---

5 packet(s) transmitted

```
    5 packet(s) received
    0.00% packet loss
round-trip min/avg/max = 16/25/31 ms


PC2>ping 192.168.1.1            //在 PC2 上 ping PC1，可以互通
Ping 192.168.1.1: 32 data bytes, Press Ctrl_C to break
From 192.168.1.1: bytes=32 seq=1 ttl=125 time=16 ms
From 192.168.1.1: bytes=32 seq=2 ttl=125 time=31 ms
From 192.168.1.1: bytes=32 seq=3 ttl=125 time=31 ms
From 192.168.1.1: bytes=32 seq=4 ttl=125 time=32 ms
From 192.168.1.1: bytes=32 seq=5 ttl=125 time=31 ms
--- 192.168.1.1 ping statistics ---
    5 packet(s) transmitted
    5 packet(s) received
    0.00% packet loss
round-trip min/avg/max = 16/28/32 ms
```

13.2　OSPF 多区域

13.2.1　OSPF 多区域的原理

1. OSPF 多区域

随着网络规模日益扩大，当一个大型网络中的路由器都运行 OSPF 路由协议时，路由器数量的增多会导致 LSDB 的数量非常庞大，需要占用大量的存储空间，并使得 SPF 算法运行的复杂度增加，导致 CPU 负担加重。

在网络规模增大之后，拓扑结构发生变化的概率也随之增大，网络会经常处于振荡之中，造成网络中会有大量的 OSPF 协议报文在传递，降低了网络带宽的利用率。更为严重的是，每一次变化都会导致网络中所有的路由器需要重新进行路由计算。

OSPF 协议通过将自治系统划分成不同的区域(Area)来解决上述问题，如图 13.12 所示。区域的边界是路由器，而不是链路。一个网段(链路)只能属于一个区域，或者说每个运行OSPF 的接口必须指明属于哪一个区域。

划分多区域后，OSPF 的三种通信量如下：

(1) 域内通信量(Intra-Area Traffic)：单个区域内的路由器之间交换数据包构成的通信量。

(2) 域间通信量(Inter-Area Traffic)：不同区域的路由器之间交换数据包构成的通信量。

(3) 外部通信量(External Traffic)：OSPF 域内的路由器与 OSPF 域外或另一个自治系统内的路由器之间交换数据包构成的通信量。

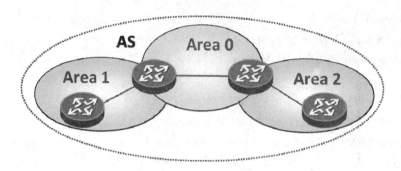

图 13.12　OSPF 多区域示意图

2. OSPF 的路由器类型

根据在 AS 中的不同位置，OSPF 路由器可以分为四类，如图 13.13 所示。

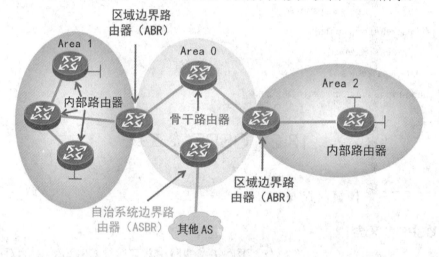

图 13.13　OSPF 的路由器类型

(1) 内部路由器(Internal Router)：该类路由器的所有接口都属于同一个 OSPF 区域。

(2) 区域边界路由器 ABR(Area Border Router)：该类路由器可以同时属于两个及以上的区域，但其中一个必须是骨干区域。ABR 用来连接骨干区域和非骨干区域，它与骨干区域之间既可以是物理连接，也可以是逻辑上的连接。

(3) 骨干路由器(Backbone Router)：该类路由器至少有一个接口属于骨干区域。因此，所有的 ABR 和位于 Area0 的内部路由器都是骨干路由器。

(4) 自治系统边界路由器 ASBR(Autonomous System Boundary Router)：与其他 AS 交换路由信息的路由器称为 ASBR。ASBR 并不一定位于 AS 的边界，它有可能是区域内路由器，也有可能是 ABR。只要一台 OSPF 路由器引入了外部路由的信息，它就成为 ASBR。

13.2.2　OSPF 多区域的配置

使用 eNSP 搭建实验环境，如图 13.14 所示。要求配置 OSPF 实现全网互通，具体要求如下：

(1) 确保 AR1 和 AR2 之间不选举产生 DR。

(2) AR5 为区域 56 的 DR，为区域 0 的 BDR。

(3) 验证 AR2 和 AR5 的角色为 ABR。

(4) 确保 PC1 和 PC2 可以互通。

微课视频 026

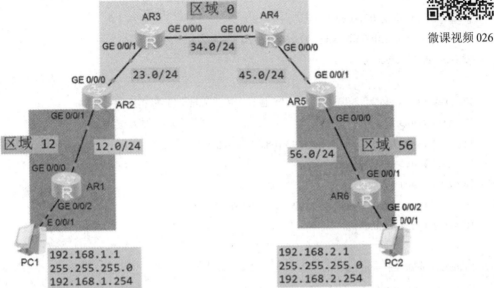

图 13.14　OSPF 多区域配置案例

案例步骤及配置命令如下：

(1) PC 机的基本配置的过程省略。

(2) 配置 IP 地址，设置 OSPF 的区域

<Huawei>undo terminal monitor

<Huawei>system-view

[Huawei]sysname R1　//配置设备名称

[R1]interface GigabitEthernet 0/0/0

[R1-GigabitEthernet0/0/0]ip add 192.168.12.1 24

[R1-GigabitEthernet0/0/0]quit

[R1]ospf 1 router-id 1.1.1.1　//启用 OSPF 协议，配置 router-id 为 1.1.1.1

[R1-ospf-1]area 12

[R1-ospf-1-area-0.0.0.12]network　192.168.12.0 0.0.0.255

[R1-ospf-1-area-0.0.0.12]quit

<Huawei>undo terminal monitor

<Huawei>system-view

[Huawei]sysname R2　//配置设备名称

[R2]interface GigabitEthernet 0/0/1

[R2-GigabitEthernet0/0/1]ip add 192.168.12.2 24

[R2-GigabitEthernet0/0/1]quit

[R2]interface GigabitEthernet 0/0/0

[R2-GigabitEthernet0/0/0]ip add 192.168.23.2 24

[R2-GigabitEthernet0/0/0]quit

[R2]ospf 1 router-id 2.2.2.2 　 //启用 OSPF 协议，配置 router-id 为 2.2.2.2

[R2-ospf-1]area 12

[R2-ospf-1-area-0.0.0.12]network　 192.168.12.0 0.0.0.255

[R2-ospf-1-area-0.0.0.12]quit

[R2-ospf-1]area 0

[R2-ospf-1-area-0.0.0.0]network　 192.168.23.0 0.0.0.255

[R2-ospf-1-area-0.0.0.0]quit

<Huawei>undo terminal monitor

<Huawei>system-view

[Huawei]sysname R3 　 //配置设备名称

[R3]interface GigabitEthernet 0/0/1

[R3-GigabitEthernet0/0/1]ip add 192.168.23.3 24

[R3-GigabitEthernet0/0/1]quit

[R3]interface GigabitEthernet 0/0/0

[R3-GigabitEthernet0/0/0]ip add 192.168.34.3 24

[R3-GigabitEthernet0/0/0]quit

[R3]ospf 1 router-id 3.3.3.3 　 //启用 OSPF 协议，配置 router-id 为 3.3.3.3

[R3-ospf-1]area 0

[R3-ospf-1-area-0.0.0.0]network　 192.168.23.0 0.0.0.255

[R3-ospf-1-area-0.0.0.0]network　 192.168.34.0 0.0.0.255

[R3-ospf-1-area-0.0.0.0]quit

<Huawei>undo terminal monitor

<Huawei>system-view

[Huawei]sysname R4 　 //配置设备名称

[R4]interface GigabitEthernet 0/0/1

[R4-GigabitEthernet0/0/1]ip add 192.168.34.4 24
[R4-GigabitEthernet0/0/1]quit

[R4]interface GigabitEthernet 0/0/0
[R4-GigabitEthernet0/0/0]ip add 192.168.45.4 24
[R4-GigabitEthernet0/0/0]quit

[R4]ospf 1 router-id 4.4.4.4　//启用 OSPF 协议，配置 router-id 为 4.4.4.4
[R4-ospf-1]area 0
[R4-ospf-1-area-0.0.0.0]network　192.168.45.0 0.0.0.255
[R4-ospf-1-area-0.0.0.0]network　192.168.34.0 0.0.0.255
[R4-ospf-1-area-0.0.0.0]quit

<Huawei>undo terminal monitor
<Huawei>system-view
[Huawei]sysname R5　//配置设备名称

[R5]interface GigabitEthernet 0/0/1
[R5-GigabitEthernet0/0/1]ip add 192.168.45.5 24
[R5-GigabitEthernet0/0/1]quit

[R5]interface GigabitEthernet 0/0/0
[R5-GigabitEthernet0/0/0]ip add 192.168.56.5 24
[R5-GigabitEthernet0/0/0]quit

[R5]ospf 1 router-id 5.5.5.5　//启用 OSPF 协议，配置 router-id 为 5.5.5.5
[R5-ospf-1]area 56
[R5-ospf-1-area-0.0.0.56]network　192.168.56.0 0.0.0.255
[R5-ospf-1-area-0.0.0.56]quit
[R5-ospf-1]area 0
[R5-ospf-1-area-0.0.0.0]network　192.168.45.0 0.0.0.255
[R5-ospf-1-area-0.0.0.0]quit

<Huawei>undo terminal monitor
<Huawei>system-view
[Huawei]sysname R6　//配置设备名称

[R6]interface GigabitEthernet 0/0/1
[R6-GigabitEthernet0/0/1]ip add 192.168.56.6 24

[R6-GigabitEthernet0/0/1]quit

[R6]ospf 1 router-id 6.6.6.6   //启用 OSPF 协议，配置 router-id 为 6.6.6.6
[R6-ospf-1]area 56
[R6-ospf-1-area-0.0.0.56]network   192.168.56.0 0.0.0.255
[R6-ospf-1-area-0.0.0.56]quit

(3) 设置 AR1 和 AR2 之间不选举产生 DR 的配置：

[R1]interface GigabitEthernet 0/0/0
[R1-GigabitEthernet0/0/0]ospf network-type   p2p //修改 OSPF 网络类型为 P2P
[R1-GigabitEthernet0/0/0]quit

[R2]interface GigabitEthernet 0/0/1
[R2-GigabitEthernet0/0/1]ospf network-type   p2p //修改 OSPF 网络类型为 P2P
[R2-GigabitEthernet0/0/1]quit

(4) 配置 AR5 为区域 56 的 DR：

[R6]interface GigabitEthernet 0/0/1
[R6-GigabitEthernet0/0/1] ospfdr-priority   0 //修改 OSPF DR 优先级为 0
[R6-GigabitEthernet0/0/1]quit

(5) 配置 AR5 为区域 0 的 BDR ：

[R4]interface GigabitEthernet 0/0/0
[R4-GigabitEthernet0/0/0]ospf dr-priority   10 //修改 OSPF DR 优先级为 10
[R4-GigabitEthernet0/0/0]quit

(6) 验证 AR2 和 AR5 的角色为 ABR：

[R2]display ospf brief   //查看 OSPF 基本配置信息，确定设备角色为 ABR
  OSPF Process 1 with Router ID 2.2.2.2
      OSPF Protocol Information
RouterID: 2.2.2.2   Border Router: AREA   //R2 为 ABR
  Multi-VPN-Instance is not enabled
  Global DS-TE Mode: Non-Standard IETF Mode
(…)

[R5]display ospf brief   //查看 OSPF 基本配置信息，确定设备角色为 ABR
  OSPF Process 1 with Router ID 5.5.5.5
      OSPF Protocol Information
RouterID: 5.5.5.5   Border Router: AREA   //R2 为 ABR

Multi-VPN-Instance is not enabled

Global DS-TE Mode: Non-Standard IETF Mode

(……)

(7) 确保 PC1 和 PC2 互通：

PC1>ping 192.168.2.1　　　//在 PC1 ping PC2，可以互通

ping 192.168.2.1: 32 data bytes, Press Ctrl_C to break

From 192.168.2.1: bytes=32 seq=1 ttl=125 time=31 ms

From 192.168.2.1: bytes=32 seq=2 ttl=125 time=31 ms

From 192.168.2.1: bytes=32 seq=3 ttl=125 time=16 ms

From 192.168.2.1: bytes=32 seq=4 ttl=125 time=16 ms

From 192.168.2.1: bytes=32 seq=5 ttl=125 time=31 ms

--- 192.168.2.1 ping statistics ---

　　5 packet(s) transmitted

　　5 packet(s) received

　　0.00% packet loss

round-trip min/avg/max = 16/25/31 ms

PC2>ping 192.168.1.1　　　//在 PC2 ping PC1，可以互通

ping 192.168.1.1: 32 data bytes, Press Ctrl_C to break

From 192.168.1.1: bytes=32 seq=1 ttl=125 time=16 ms

From 192.168.1.1: bytes=32 seq=2 ttl=125 time=31 ms

From 192.168.1.1: bytes=32 seq=3 ttl=125 time=31 ms

From 192.168.1.1: bytes=32 seq=4 ttl=125 time=32 ms

From 192.168.1.1: bytes=32 seq=5 ttl=125 time=31 ms

--- 192.168.1.1 ping statistics ---

　　5 packet(s) transmitted

　　5 packet(s) received

　　0.00% packet loss

round-trip min/avg/max = 16/28/32 ms

本 章 小 结

OSPF(Open Shortest Path First，开放式最短路径优先)是一种基于链路状态进行路由计算的动态路由协议，主要用于大中型网络。目前针对 IPv4 协议使用的是 OSPF Version 2 版本。

一台路由器如果要运行 OSPF 协议，则必须存在 RID(Router ID，路由器 ID)。RID 是一个 32 bit 的无符号整数，在一个自治系统中唯一地标识一台路由器。RID 可以手工配置，

不但可以使用 router-id 命令指定 Router ID，也可以自动生成。

DR 和 BDR 是由同一网段中所有的路由器根据路由器的优先级、Router ID 通过 HELLO 报文选举出来的，只有优先级大于 0 的路由器才具有被选取资格。

形成邻居关系的双方路由器不一定都能形成邻接关系，只有当双方成功交换 DD 报文，交换 LSA 并达到 LSDB 的同步之后，才形成真正意义上的邻接关系。

根据在 AS 中的不同位置 OSPF 路由器，可以分为四类：内部路由器、区域边界路由器 ABR、骨干路由器、自治系统边界路由器 ASBR。

习　题

1. 关于 OSPF 协议，以下描述错误的是（　　）。

A. OSPF 属于网络层协议

B. OSPF 应用于公司内部，属于链路状态路由协议

C. OSPF 是公有标准协议

D. OSPF 不支持层次化的网络设计

2. 以下不属于 OSPF 协议报文的是（　　）。

A. Hello

B. Update

C. LSAck

D. DBD

3. 配置 OSPF 路由协议时，通过（　　）可以查看 OSPF 邻接表。

A. display ospf

B. display ospf peer brief

C. display ip routing-table protocol ospf

D. display ospf lsdb

4. 配置 OSPF 协议时，以下（　　）不属于 OSPF 邻居的正常状态。

A. Exstart

B. Two-way

C. Full

D. Block

扫码看答案

第 14 章

OSPF 路由协议高级

▶ 本章目标

- 理解 OSPF 宣告方式；
- 掌握 OSPF 默认路由；
- 理解并掌握 OSPF 特殊区域的配置步骤及命令；
- 掌握 OSPF 路由汇总；
- 掌握 OSPF 虚链路。

▶ 问题导向

- OSPF 宣告方式有哪两种？
- 什么是 Stub 区域？
- 什么是 NSSA 区域？
- OSPF 路由汇总有什么作用？
- OSPF 虚链路能解决什么问题？

14.1　OSPF 宣告路由

1. OSPF 的区域类型

OSPF 划分为骨干区域和非骨干区域两大类，骨干区域负责区域之间的路由，非骨干区域之间的路由信息必须通过骨干区域来转发。非骨干区域包括以下类型的区域：

(1) 标准区域。

(2) Stub 区域。

(3) Totally Stub 区域。

(4) NSSA(Not-So-Stubby Area)区域。

(5) Totally NSSA 区域。

2. OSPF 的 LSA 类型

要了解 OSPF 的这些区域，需要首先了解 OSPF 的 LSA 类型。OSPF 中对链路状态信息的描述都是封装在 LSA 中发布出去的。OSPF 协议定义了 7 种 LSA 类型，常用的 LSA 有以下几种。

(1) Router LSA(Type1)：由每个路由器产生，描述路由器的链路状态和开销，在其始发的区域内传播。

(2) Network LSA(Type2)：由 DR 产生，描述本网段所有路由器的链路状态，在其始发的区域内传播。

(3) Network Summary LSA(Type3)：由 ABR 产生，描述区域内某个网段的路由，并通告给其他区域。

(4) ASBR Summary LSA(Type4)：由 ABR 产生，描述到 ASBR 的路由，通告给相关区域。

(5) AS External LSA(Type5)：由 ASBR 产生，描述到 AS 外部的路由，通告到所有的区域(除了 Stub 区域和 NSSA 区域)。

(6) NSSA External LSA(Type7)：由 NSSA 区域内的 ASBR 产生，描述到 AS 外部的路由，仅在 NSSA 区域内传播。

3. OSPF 宣告方式及路由类型

OSPF 宣告方式有两种，分别描述如下：

(1) 通过 network 宣告路由：只能宣告直连路由进入 OSPF 协议。

(2) 通过 import-route 宣告路由：可以宣告任何类型的路由进入 OSPF 协议。

OSPF 将路由分为四类，按照优先级从高到低的顺序排列如下：

(1) 区域内路由(Intra Area)：通过 1 类 LSA 和 2 类 LSA 表示。

(2) 区域间路由(Inter Area)：通过 3 类 LSA 表示。以上都是 OSPF 的内部路由，是通过 network 方式宣告的路由。

(3) 第一类外部路由(Type1 External)：这类路由的可信度较高，并且和 OSPF 自身路由的开销具有可比性，所以到第一类外部路由的开销等于本路由器到相应的 ASBR 的开销与 ASBR 到该路由目的地址的开销之和。

(4) 第二类外部路由(Type2 External)：这类路由的可信度比较低，所以 OSPF 协议认为从 ASBR 到自治系统之外的开销远远大于在自治系统之内到达 ASBR 的开销。所以计算路由的开销时将主要考虑前者，即到第二类外部路由的开销等于 ASBR 到该路由目的地址的开销，计算出开销值相等的两条路由，再考虑本路由器到相应的 ASBR 的开销。

如图 14.1 所示，路由器 A 有两条到达外部网络 10.1.2.0 的路径：如果采用第一类外部路由，将会选择路径 A-B-D；如果采用第二类外部路由，将会选择路径 A-C-D。

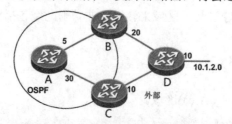

路径	E1	E2
A-B-D的代价	35(5+20+10)	30(20+10)
A-C-D的代价	50(30+10+10)	20(10+10)

图 14.1　OSPF 两种类型的外部路由

以上都是 OSPF 外部路由，是通过 import-route 方式宣告的路由，通过 5 类和 7 类 LSA 表示。外部路由描述了应该如何选择到 AS 以外目的地址的路由。

4. OSPF 默认路由

OSPF 默认路由，通过 5 类 LSA 表示，其默认的 cost 为 1，默认的外部类型为 Type 2。

(1) 条件性产生的默认路由：本地设备路由表中必须要存在默认路由，OSPF 才会产生默认路由。

(2) 强制性产生的默认路由：本地设备路由表中不管是否存在默认路由，OSPF 都会产生默认路由。

5. OSPF 路由选路案例

使用 eNSP 搭建实验环境，如图 14.2 所示，具体要求如下：

微课视频 027

(1) 配置 VLAN，PC1 的网关配置在 LSW1 上。

(2) AR1 是主出口设备，AR2 是备份出口设备，AR1、AR2 配置静态路由，均可以访问 PC2。

(3) 确保 PC1 与 PC2 可以互相访问，要求数据转发采用最优路径。

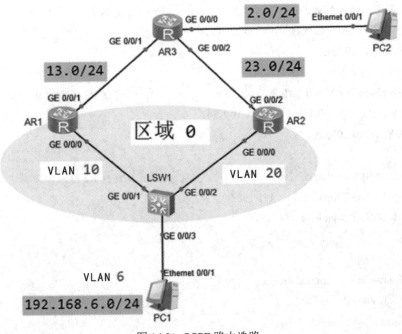

图 14.2 OSPF 路由选路

案例的步骤及配置命令如下：

(1) PC 等基本配置的过程省略。

(2) 配置交换机：

    <Huawei>undo terminal monitor

    <Huawei>system-view

    [Huawei]sysname SW1

    [SW1]vlan batch   6 10 20   //批量创建 VLAN 信息

```
[SW1]interface GigabitEthernet 0/0/1            //连接 R1 的接口
[SW1-GigabitEthernet0/0/1]port link-type access
[SW1-GigabitEthernet0/0/1]port default vlan    10
[SW1-GigabitEthernet0/0/1]quit


[SW1]interface GigabitEthernet 0/0/2            //连接 R2 的接口
[SW1-GigabitEthernet0/0/3]port link-type access
[SW1-GigabitEthernet0/0/3]port default vlan    20
[SW1-GigabitEthernet0/0/3]quit


[SW1]interface GigabitEthernet 0/0/3            //连接 PC1 的接口
[SW1-GigabitEthernet0/0/3]port link-type access
[SW1-GigabitEthernet0/0/3]port default vlan    6
[SW1-GigabitEthernet0/0/3]quit


[SW1]interface Vlanif 6                          //连接 PC1 的网关接口
[SW1-Vlanif6]ip address   192.168.6.254 24
[SW1-Vlanif6]quit


[SW1]interface Vlanif   10                       //连接 R1 所用的 IP 接口
[SW1-Vlanif10]ip address 192.168.10.1 24
[SW1-Vlanif10]quit


[SW1]interface Vlanif   20                       //连接 R2 所用的 IP 接口
[SW1-Vlanif20]ip address   192.168.20.1 24
[SW1-Vlanif20]quit
```

(3) 配置路由器：

```
<Huawei>undo terminal monitor
<Huawei>system-view
[Huawei]sysname R1


[R1]interface gi0/0/0                            //连接 SW1 所用的接口
[R1-GigabitEthernet0/0/0]ip address    192.168.10.2 24
[R1-GigabitEthernet0/0/0]quit


[R1]interface gi0/0/1                            //连接 R3 所用的接口
[R1-GigabitEthernet0/0/1]ip address    192.168.13.1 24
[R1-GigabitEthernet0/0/1]quit
```

[R1]ip route-static 0.0.0.0　0　192.168.13.3 //去往 PC2 的默认路由

<Huawei>undo terminal monitor
<Huawei>system-view
[Huawei]sysname R2
[R2]interface gi0/0/0　　　　　　　　　　　　//连接 SW1 所用的接口
[R2-GigabitEthernet0/0/0]ip address　192.168.20.2 24
[R2-GigabitEthernet0/0/0]quit

[R2]interface gi0/0/2　　　　　　　　　　　　//连接 R3 所用的接口
[R2-GigabitEthernet0/0/2]ip address　192.168.23.2 24
[R2-GigabitEthernet0/0/2]quit

[R2]ip route-static　0.0.0.0　0 192.168.23.3　　　　//去往 PC2 的默认路由

<Huawei>undo terminal monitor
<Huawei>system-view
[Huawei]sysname R3
[R3]interface GigabitEthernet 0/0/1　　　　　//连接 R1 所用的接口
[R3-GigabitEthernet0/0/1]ip address　192.168.13.3 24
[R3-GigabitEthernet0/0/1]quit

[R3]interface GigabitEthernet 0/0/2　　　　　//连接 R2 所用的接口
[R3-GigabitEthernet0/0/2]ip address　192.168.23.3 24
[R3-GigabitEthernet0/0/2]quit

[R3]interface gi0/0/0　　　　　　　　　　　　//连接 PC2 所用的接口
[R3-GigabitEthernet0/0/0]ip address　192.168.2.254 24
[R3-GigabitEthernet0/0/0]quit

(4) 配置基本的 OSPF：
[SW1]ospf 1 router-id　6.6.6.6　　　　　　　//启用 OSPF 协议，配置 router-id 为 6.6.6.6
[SW1-ospf-1]area　0
[SW1-ospf-1-area-0.0.0.0]network　192.168.6.0 0.0.0.255
[SW1-ospf-1-area-0.0.0.0]network　192.168.10.0 0.0.0.255
[SW1-ospf-1-area-0.0.0.0]network　192.168.20.0 0.0.0.255
[SW1-ospf-1-area-0.0.0.0]quit

[R1]ospf 1 router-id 1.1.1.1　　　//启用 OSPF 协议，配置 router-id 为 1.1.1.1

[R1-ospf-1]area　　0

[R1-ospf-1-area-0.0.0.0]network　　192.168.10.0 0.0.0.255

[R1-ospf-1-area-0.0.0.0]quit

[R2]ospf 1 router-id 2.2.2.2　　　　//启用 OSPF 协议，配置 router-id 为 2.2.2.2

[R2-ospf-1]area　　0

[R2-ospf-1-area-0.0.0.0]network　　192.168.20.0 0.0.0.255

[R2-ospf-1-area-0.0.0.0]quit

(5) 配置 OSPF 默认路由：

[R1]ospf 1

[R1-ospf-1]default-route-advertise　//OSPF 协议产生默认路由

[R2]ospf 1

[R2-ospf-1]default-route-advertise cost　　2　　//OSPF 协议产生默认路由，修改 cost 为 2

(6) 配置浮动静态路由：

[R3]ip route-static　　192.168.6.0 24 192.168.13.1 //配置去往 PC1 的主路径

[R3]ip route-static 192.168.6.0 24 192.168.23.2 preference　　100 //配置去往 PC1 的备份路径

(7) 测试 PC1 和 PC2 之间的连通性：

PC1>ping 192.168.2.1　　　　　　　　//在 PC1 ping PC2，可以互通

ping 192.168.2.1: 32 data bytes, Press Ctrl_C to break

From 192.168.2.1: bytes=32 seq=1 ttl=125 time=47 ms

From 192.168.2.1: bytes=32 seq=2 ttl=125 time=47 ms

From 192.168.2.1: bytes=32 seq=3 ttl=125 time=32 ms

From 192.168.2.1: bytes=32 seq=4 ttl=125 time=31 ms

From 192.168.2.1: bytes=32 seq=5 ttl=125 time=47 ms

--- 192.168.2.1 ping statistics ---

　　5 packet(s) transmitted

　　5 packet(s) received

　　0.00% packet loss

round-trip min/avg/max = 31/40/47 ms

PC2>ping 192.168.6.1　　　　　　　　//在 PC2 ping PC1，可以互通

ping 192.168.6.1: 32 data bytes, Press Ctrl_C to break

From 192.168.6.1: bytes=32 seq=1 ttl=125 time=47 ms

From 192.168.6.1: bytes=32 seq=2 ttl=125 time=31 ms

From 192.168.6.1: bytes=32 seq=3 ttl=125 time=62 ms

From 192.168.6.1: bytes=32 seq=4 ttl=125 time=63 ms

From 192.168.6.1: bytes=32 seq=5 ttl=125 time=62 ms

--- 192.168.6.1 ping statistics ---

　　5 packet(s) transmitted

　　5 packet(s) received

　　0.00% packet loss

round-trip min/avg/max = 31/53/63 ms

14.2　OSPF 特殊区域

14.2.1　Stub 区域及其配置

前面我们介绍过，非骨干区域包括标准区域、Stub 区域、Totally Stub 区域、NSSA(Not-So-Stubby Area)区域、Totally NSSA 区域。其中，有一种特殊区域，不允许接收 4 类 LSA 和 5 类 LSA，这种特殊区域包括 Stub 区域、Totally Stub 区域、NSSA(Not-So-Stubby Area)区域、Totally NSSA 区域。

1. Stub 区域

Stub 区域不允许接收 4 类 LSA 和 5 类 LSA，允许接收 1 类、2 类、3 类 LSA。该区域不会受到外部链路不稳定造成的不良影响，在这些区域中路由器的路由表规模以及路由信息传递的数量都会大大减少。

为了进一步减少 Stub 区域中路由器的路由表规模以及路由信息传递的数量，可以将该区域配置为 Totally Stub(完全 Stub)区域，该区域的 ABR 不会将区域间的路由信息和外部路由信息传递到本区域。Totally Stub 区域不允许接收 3 类、4 类 和 5 类 LSA，允许接收 1 类、2 类 LSA。

(Totally) Stub 区域位于自治系统的边界，为保证到本自治系统的其他区域或者自治系统外的路由依旧可达，Stub 区域的 ABR 会自动产生一个表示默认路由的 3 类 LSA，并发布给本区域中的其他非 ABR 路由器。

2. Stub 区域的配置案例

使用 eNSP 搭建实验环境，要求配置 OSPF 实现全网互通，如图 14.3 所示。

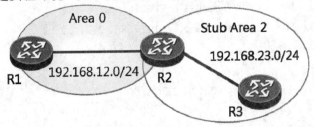

图 14.3　Stub 区域的配置案例

案例的步骤及配置命令如下：

(1) 配置路由器接口 IP 等基本配置省略。

(2) 在路由器上配置 OSPF：

//R1 的配置

[R1]ospf 1 router-id 1.1.1.1

[R1-ospf-1]area 0

[R1-ospf-1-area-0.0.0.0]network 192.168.12.0 0.0.0.255

[R1-ospf-1-area-0.0.0.0]quit

//R2 的配置

[R2]ospf 1 router-id 2.2.2.2

[R2-ospf-1]area 0

[R2-ospf-1-area-0.0.0.0]network 192.168.12.0 0.0.0.255

[R2-ospf-1-area-0.0.0.0]quit

[R2-ospf-1]area 2

[R2-ospf-1-area-0.0.0.2]network 192.168.23.0 0.0.0.255

[R2-ospf-1-area-0.0.0.2]quit

//R3 的配置

[R3]ospf 1 router-id 3.3.3.3

[R3-ospf-1]area 2

[R3-ospf-1-area-0.0.0.2]network 192.168.23.0 0.0.0.255

[R3-ospf-1-area-0.0.0.2]quit

(3) 查看 OSPF 路由表：

//查看 R1 的路由表

<R1>dis ospf routing

OSPF Process 1 with Router ID 1.1.1.1

　　　　Routing Tables

Routing for Network

Destination	Cost	Type	NextHop	AdvRouter	Area
192.168.12.0/24	1	Transit	192.168.12.1	1.1.1.1	0.0.0.0
192.168.23.0/24	2	Inter-area	192.168.12.2	2.2.2.2	0.0.0.0

Total Nets: 2

Intra Area: 1　Inter Area: 1　ASE: 0　NSSA: 0

//查看 R2 的路由表

<R2>dis ospf routing

OSPF Process 1 with Router ID 2.2.2.2

    Routing Tables

Routing for Network

Destination	Cost	Type	NextHop	AdvRouter	Area
192.168.12.0/24	1	Transit	192.168.12.2	2.2.2.2	0.0.0.0
192.168.23.0/24	1	Transit	192.168.23.2	2.2.2.2	0.0.0.2

Total Nets: 2

Intra Area: 2　Inter Area: 0　ASE: 0　NSSA: 0

//查看 R3 的路由表

<R3>dis ospf routing

OSPF Process 1 with Router ID 3.3.3.3

    Routing Tables

Routing for Network

Destination	Cost	Type	NextHop	AdvRouter	Area
192.168.23.0/24	1	Transit	192.168.23.3	3.3.3.3	0.0.0.2
192.168.12.0/24	2	Inter-area	192.168.23.2	2.2.2.2	0.0.0.2

Total Nets: 2

Intra Area: 1　Inter Area: 1　ASE: 0　NSSA: 0

(4) 配置 Stub，查看 OSPF 路由表变化

//R2 的配置

[R2]ospf 1

[R2-ospf-1]area 2

[R2-ospf-1-area-0.0.0.2]stub

[R2-ospf-1-area-0.0.0.2]quit

//R3 的配置

[R3]ospf 1

[R3-ospf-1]area 2

[R3-ospf-1-area-0.0.0.2]stub

[R3-ospf-1-area-0.0.0.2]quit

//查看 R3 的路由表

```
<R3>dis ospf routing
```

　　OSPF Process 1 with Router ID 3.3.3.3
　　　　Routing Tables

　　Routing for Network

Destination	Cost	Type	NextHop	AdvRouter	Area
192.168.23.0/24	1	Transit	192.168.23.3	3.3.3.3	0.0.0.2
0.0.0.0/0	2	Inter-area	192.168.23.2	2.2.2.2	0.0.0.2
192.168.12.0/24	2	Inter-area	192.168.23.2	2.2.2.2	0.0.0.2

　　Total Nets: 3

　　Intra Area: 1　Inter Area: 2　ASE: 0　NSSA: 0

(5) 配置 Totally Stub，查看 OSPF 路由表变化

```
//R2 的配置
[R2]ospf 1
[R2-ospf-1]area 2
[R2-ospf-1-area-0.0.0.2]stub no-summary
[R2-ospf-1-area-0.0.0.2]quit

//查看 R3 的路由表
<R3>dis ospf routing
```

　　OSPF Process 1 with Router ID 3.3.3.3
　　　　Routing Tables

　　Routing for Network

Destination	Cost	Type	NextHop	AdvRouter	Area
192.168.23.0/24	1	Transit	192.168.23.3	3.3.3.3	0.0.0.2
0.0.0.0/0	2	Inter-area	192.168.23.2	2.2.2.2	0.0.0.2

　　Total Nets: 2

　　Intra Area: 1　Inter Area: 1　ASE: 0　NSSA: 0

3. Stub 区域的综合配置案例

使用 eNSP 搭建实验环境，如图 14.4 所示，案例要求如下：

(1) 配置 OSPF 区域，区域 12 没有外部路由。

(2) AR6 与 AR7 之间不运行 OSPF，通过静态路由实现互通。

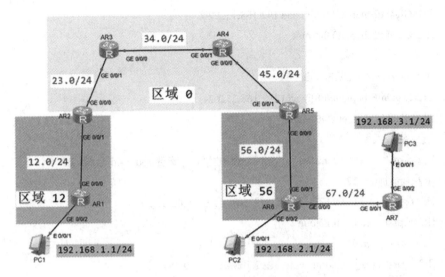

图 14.4　Stub 区域的综合配置案例

(3) 确保 PC1、PC2 与 PC3 可以互通。

案例的步骤及配置命令如下：

(1) PC 等基本配置的过程省略。

(2) 配置 OSPF：

    <Huawei>undo terminal monitor

    <Huawei>system-view

    [Huawei]sysname R1

    [R1]interface GigabitEthernet 0/0/0

    [R1-GigabitEthernet0/0/0]ip add 192.168.12.1 24

    [R1-GigabitEthernet0/0/0]quit

    [R1]interface GigabitEthernet 0/0/2

    [R1-GigabitEthernet0/0/2]ip add 192.168.1.254 24

    [R1-GigabitEthernet0/0/2]quit

    [R1]ospf 1 router-id 1.1.1.1　　　//启用 OSPF 协议，配置 router-id 为 1.1.1.1

    [R1-ospf-1]area 12

    [R1-ospf-1-area-0.0.0.12]network　192.168.12.0 0.0.0.255

    [R1-ospf-1-area-0.0.0.12]network　192.168.1.0 0.0.0.255

    [R1-ospf-1-area-0.0.0.12]quit

    <Huawei>undo terminal monitor

    <Huawei>system-view

    [Huawei]sysname R2

    [R2]interface GigabitEthernet 0/0/1

[R2-GigabitEthernet0/0/1]ip add 192.168.12.2 24
[R2-GigabitEthernet0/0/1]quit

[R2]interface GigabitEthernet 0/0/0
[R2-GigabitEthernet0/0/0]ip add 192.168.23.2 24
[R2-GigabitEthernet0/0/0]quit

[R2]ospf 1 router-id 2.2.2.2　　　　//启用 OSPF 协议，配置 router-id 为 2.2.2.2
[R2-ospf-1]area 12
[R2-ospf-1-area-0.0.0.12]network　　192.168.12.0 0.0.0.255
[R2-ospf-1-area-0.0.0.12]quit
[R2-ospf-1]area 0
[R2-ospf-1-area-0.0.0.0]network　　192.168.23.0 0.0.0.255
[R2-ospf-1-area-0.0.0.0]quit

<Huawei>undo terminal monitor
<Huawei>system-view
[Huawei]sysname R3
[R3]interface GigabitEthernet 0/0/1
[R3-GigabitEthernet0/0/1]ip add 192.168.23.3 24
[R3-GigabitEthernet0/0/1]quit

[R3]interface GigabitEthernet 0/0/0
[R3-GigabitEthernet0/0/0]ip add 192.168.34.3 24
[R3-GigabitEthernet0/0/0]quit

[R3]ospf 1 router-id 3.3.3.3　　　　//启用 OSPF 协议，配置 router-id 为 3.3.3.3
[R3-ospf-1]area 0
[R3-ospf-1-area-0.0.0.0]network　　192.168.23.0 0.0.0.255
[R3-ospf-1-area-0.0.0.0]network　　192.168.34.0 0.0.0.255
[R3-ospf-1-area-0.0.0.0]quit

<Huawei>undo terminal monitor
<Huawei>system-view
[Huawei]sysname R4
[R4]interface GigabitEthernet 0/0/1
[R4-GigabitEthernet0/0/1]ip add 192.168.34.4 24
[R4-GigabitEthernet0/0/1]quit

[R4]interface GigabitEthernet 0/0/0

[R4-GigabitEthernet0/0/0]ip add 192.168.45.4 24

[R4-GigabitEthernet0/0/0]quit

[R4]ospf 1 router-id 4.4.4.4　　　　//启用 OSPF 协议，配置 router-id 为 4.4.4.4

[R4-ospf-1]area 0

[R4-ospf-1-area-0.0.0.0]network　192.168.45.0 0.0.0.255

[R4-ospf-1-area-0.0.0.0]network　192.168.34.0 0.0.0.255

[R4-ospf-1-area-0.0.0.0]quit

<Huawei>undo terminal monitor

<Huawei>system-view

[Huawei]sysname R5

[R5]interface GigabitEthernet 0/0/1

[R5-GigabitEthernet0/0/1]ip add 192.168.45.5 24

[R5-GigabitEthernet0/0/1]quit

[R5]interface GigabitEthernet 0/0/0

[R5-GigabitEthernet0/0/0]ip add 192.168.56.5 24

[R5-GigabitEthernet0/0/0]quit

[R5]ospf 1 router-id 5.5.5.5　　　　//启用 OSPF 协议，配置 router-id 为 5.5.5.5

[R5-ospf-1]area 56

[R5-ospf-1-area-0.0.0.56]network　192.168.56.0 0.0.0.255

[R5-ospf-1-area-0.0.0.56]quit

[R5-ospf-1]area 0

[R5-ospf-1-area-0.0.0.0]network　192.168.45.0 0.0.0.255

[R5-ospf-1-area-0.0.0.0]quit

<Huawei>undo terminal monitor

<Huawei>system-view

[Huawei]sysname R6

[R6]interface GigabitEthernet 0/0/0

[R6-GigabitEthernet0/0/0]ip add 192.168.67.6 24

[R6-GigabitEthernet0/0/0]quit

[R6]interface GigabitEthernet 0/0/1

[R6-GigabitEthernet0/0/1]ip add 192.168.56.6 24

[R6-GigabitEthernet0/0/1]quit

[R6]interface GigabitEthernet 0/0/2

[R6-GigabitEthernet0/0/2]ip add 192.168.2.254 24

[R6-GigabitEthernet0/0/2]quit

[R6]ospf 1 router-id 6.6.6.6　　　　//启用 OSPF 协议，配置 router-id 为 6.6.6.6

[R6-ospf-1]area 56

[R6-ospf-1-area-0.0.0.56]network　192.168.56.0 0.0.0.255

[R6-ospf-1-area-0.0.0.56]network　192.168.2.0 0.0.0.255

[R6-ospf-1-area-0.0.0.56]quit

<Huawei>undo terminal monitor

<Huawei>system-view

[Huawei]sysname R7

[R7]interface GigabitEthernet 0/0/1

[R7-GigabitEthernet0/0/0]ip add 192.168.67.7 24

[R7-GigabitEthernet0/0/0]quit

[R7]interface GigabitEthernet 0/0/2

[R7-GigabitEthernet0/0/2]ip add 192.168.3.254 24

[R7-GigabitEthernet0/0/2]quit

[R7]ip route-static　192.168.0.0 24 192.168.67.6 //配置去往其他网段的路由

(3) 配置 R6 与 R7 之间的互通路由，并引入 OSPF：

[R6]ip route-static　192.168.3.0 24 192.168.67.7 //配置去往 PC3 的路由条目

[R6]ospf 1 router-id 6.6.6.6

[R6-ospf-1]import-route static　　　//将配置的静态路由导入进 OSPF 协议

[R6-ospf-1]area 56

[R6-ospf-1-area-0.0.0.56]network　192.168.56.0 0.0.0.255

[R6-ospf-1-area-0.0.0.56]network　192.168.2.0 0.0.0.255

[R6-ospf-1-area-0.0.0.56]quit

(4) 配置区域 12 为特殊区域：

[R1]ospf 1

[R1-ospf-1]area 12

[R1-ospf-1-area-0.0.0.12]stub　//将区域 12 配置为特殊区域-Stub

[R1-ospf-1-area-0.0.0.12]quit

[R2]ospf 1

[R2-ospf-1]area 12

[R2-ospf-1-area-0.0.0.12]stub　　　//将区域 12 配置为特殊区域-Stub

[R2-ospf-1-area-0.0.0.12]quit

(5) 确保 PC1、PC2 与 PC3 之间的互通。

PC1>ping 192.168.3.1　　　　//在 PC1 ping PC3，可以互通

ping 192.168.3.1: 32 data bytes, Press Ctrl_C to break

From 192.168.3.1: bytes=32 seq=1 ttl=125 time=31 ms

From 192.168.3.1: bytes=32 seq=2 ttl=125 time=31 ms

From 192.168.3.1: bytes=32 seq=3 ttl=125 time=16 ms

From 192.168.3.1: bytes=32 seq=4 ttl=125 time=16 ms

From 192.168.3.1: bytes=32 seq=5 ttl=125 time=31 ms

--- 192.168.3.1 ping statistics ---

　　5 packet(s) transmitted

PC2>ping 192.168.3.1　　　　//在 PC2 ping PC3，可以互通

ping 192.168.3.1: 32 data bytes, Press Ctrl_C to break

From 192.168.3.1: bytes=32 seq=1 ttl=125 time=31 ms

From 192.168.3.1: bytes=32 seq=2 ttl=125 time=31 ms

From 192.168.3.1: bytes=32 seq=3 ttl=125 time=16 ms

From 192.168.3.1: bytes=32 seq=4 ttl=125 time=16 ms

From 192.168.3.1: bytes=32 seq=5 ttl=125 time=31 ms

--- 192.168.3.1 ping statistics ---

　　5 packet(s) transmitted

14.2.2　NSSA 区域及其配置

1. NSSA 区域

NSSA(Not-So-Stubby Area)区域是 Stub 区域的变形，与 Stub 区域有许多相似的地方。NSSA 区域也不允许 Type5 LSA 注入，但可以允许 Type7 LSA 注入。

Type7 LSA 由 NSSA 区域的 ASBR 产生，在 NSSA 区域内传播。当 Type7 LSA 到达 NSSA 的 ABR 时，由 ABR 将 Type7 LSA 转换成 Type5 LSA，传播到其他区域，如图 14.5 所示。

NSSA 区域不受其他区域引入的外部路由的影响，同时本区域还能引入外部路由，该区域允许 1 类、2 类、3 类、7 类 LSA，不允许 4 类、5 类 LSA。NSSA 区域的 ABR 会自动地产生表示默认路由的 7 类 LSA。

相应地，Totally NSSA 区域允许 1 类、2 类、7 类 LSA，不允许 3 类、4 类、5 类 LSA。该区域的 ABR 会自动地产生表示默认路由的 7 类 LSA 和 3 类 LSA。

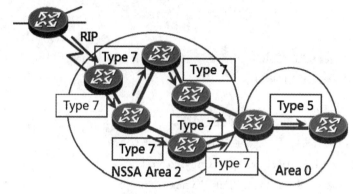

图 14.5　NSSA 区域

2. NSSA 区域的配置案例

如图 14.6 所示，要求配置 OSPF 实现全网互通，使用 eNSP 搭建实验环境，如图 14.7 所示。

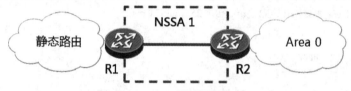

图 14.6　NSSA 区域配置案例(1)

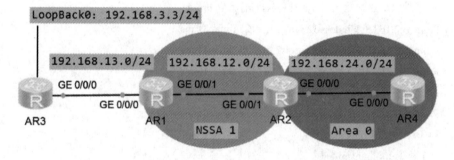

图 14.7　NSSA 区域配置案例(2)

案例的步骤及配置命令如下：

(1) 配置路由器 R1：

　　[R1]interface GigabitEthernet0/0/1

　　[R1-GigabitEthernet0/0/1]ip address 192.168.12.1 255.255.255.0

　　[R1]interface GigabitEthernet0/0/0

　　[R1-GigabitEthernet0/0/0]ip address 192.168.13.1 255.255.255.0

　　[R1]ospf 1 router-id 1.1.1.1

　　[R1-ospf-1]import-route static cost 100 type 2　　　//引入外部静态路由

　　[R1-ospf-1]area 1

　　[R1-ospf-1-area-0.0.0.1]network 192.168.12.0 0.0.0.255

　　[R1-ospf-1-area-0.0.0.1]nssa

　　[R1-ospf-1-area-0.0.0.1]quit

[R1]ip route-static 192.168.3.0 255.255.255.0 192.168.13.3

(2) 配置路由器 R2：

　　[R2]interface GigabitEthernet0/0/0

　　[R2-GigabitEthernet0/0/0]ip address 192.168.24.2 255.255.255.0

　　[R2]interface GigabitEthernet0/0/1

　　[R2-GigabitEthernet0/0/1]ip address 192.168.12.2 255.255.255.0

　　[R2]ospf 1 router-id 2.2.2.2

　　[R2-ospf-1]area 0

　　[R2-ospf-1-area-0.0.0.0]network 192.168.24.0 0.0.0.255

　　[R2-ospf-1-area-0.0.0.0]quit

　　[R2-ospf-1]area1

　　[R2-ospf-1-area-0.0.0.1]network 192.168.12.0 0.0.0.255

　　[R2-ospf-1-area-0.0.0.1]nssa

　　[R2-ospf-1-area-0.0.0.1]quit

(3) 配置路由器 R3：

　　[R3]interface GigabitEthernet0/0/0

　　[R3-GigabitEthernet0/0/0]ip address 192.168.13.3 255.255.255.0

　　[R3]interface LoopBack0

　　[R3-LoopBack0]ip address 192.168.3.3 255.255.255.0

　　[R3-LoopBack0]quit

　　[R3]ip route-static 0.0.0.0 0.0.0.0 192.168.13.1

(4) 配置路由器 R4：

　　[R4]interface GigabitEthernet0/0/0

　　[R4-GigabitEthernet0/0/0]ip address 192.168.24.4 255.255.255.0

　　[R4]ospf 1 router-id 4.4.4.4

　　[R4-ospf-1]area 0

　　[R4-ospf-1-area-0.0.0.0]network 192.168.24.0 0.0.0.255

　　[R4-ospf-1-area-0.0.0.0]quit

(5) 查看路由表：

　　//查看 R1 的路由表

　　<R1>dis ip ro

　　Route Flags: R - relay, D - download to fib

　　--

　　Routing Tables: Public

　　Destinations : 13   Routes : 13

Destination/Mask	Proto	Pre	Cost	Flags	NextHop	Interface
0.0.0.0/0	O_NSSA	150	1	D	192.168.12.2	GigabitEthernet 0/0/1
127.0.0.0/8	Direct	0	0	D	127.0.0.1	InLoopBack0
127.0.0.1/32	Direct	0	0	D	127.0.0.1	InLoopBack0
127.255.255.255/32	Direct	0	0	D	127.0.0.1	InLoopBack0
192.168.3.0/24	Static	60	0	RD	192.168.13.3	GigabitEthernet 0/0/0
192.168.12.0/24	Direct	0	0	D	192.168.12.1	GigabitEthernet 0/0/1
192.168.12.1/32	Direct	0	0	D	127.0.0.1	GigabitEthernet 0/0/1
192.168.12.255/32	Direct	0	0	D	127.0.0.1	GigabitEthernet 0/0/1
192.168.13.0/24	Direct	0	0	D	192.168.13.1	GigabitEthernet 0/0/0
192.168.13.1/32	Direct	0	0	D	127.0.0.1	GigabitEthernet 0/0/0
192.168.13.255/32	Direct	0	0	D	127.0.0.1	GigabitEthernet 0/0/0
192.168.24.0/24	OSPF	10	2	D	192.168.12.2	GigabitEthernet 0/0/1
255.255.255.255/32	Direct	0	0	D	127.0.0.1	InLoopBack0

```
<R1>dis ospf ro


    OSPF Process 1 with Router ID 1.1.1.1
        Routing Tables
```

Routing for Network

Destination	Cost	Type	NextHop	AdvRouter	Area
192.168.12.0/24	1	Transit	192.168.12.1	1.1.1.1	0.0.0.1
192.168.24.0/24	2	Inter-area	192.168.12.2	2.2.2.2	0.0.0.1

Routing for NSSAs

Destination	Cost	Type	Tag	NextHop	AdvRouter
0.0.0.0/0	1	Type2	1	192.168.12.2	2.2.2.2

Total Nets: 3

Intra Area: 1　Inter Area: 1　ASE: 0　NSSA: 1

//查看 R2 的路由表

<R2>dis ip ro

Route Flags: R - relay, D - download to fib

Routing Tables: Public

Destinations : 11　　　　　Routes : 11

Destination/Mask	Proto	Pre	Cost	Flags	NextHop	Interface
127.0.0.0/8	Direct	0	0	D	127.0.0.1	InLoopBack0
127.0.0.1/32	Direct	0	0	D	127.0.0.1	InLoopBack0
127.255.255.255/32	Direct	0	0	D	127.0.0.1	InLoopBack0
192.168.3.0/24	O_NSSA	150	100	D	192.168.12.1	GigabitEthernet 0/0/1
192.168.12.0/24	Direct	0	0	D	192.168.12.2	GigabitEthernet 0/0/1
192.168.12.2/32	Direct	0	0	D	127.0.0.1	GigabitEthernet 0/0/1
192.168.12.255/32	Direct	0	0	D	127.0.0.1	GigabitEthernet 0/0/1
192.168.24.0/24	Direct	0	0	D	192.168.24.2	GigabitEthernet 0/0/0
192.168.24.2/32	Direct	0	0	D	127.0.0.1	GigabitEthernet 0/0/0
192.168.24.255/32	Direct	0	0	D	127.0.0.1	GigabitEthernet 0/0/0
255.255.255.255/32	Direct	0	0	D	127.0.0.1	InLoopBack0

<R2>dis ospf ro

　OSPF Process 1 with Router ID 2.2.2.2

　　　　Routing Tables

Routing for Network

Destination	Cost	Type	NextHop	AdvRouter	Area
192.168.12.0/24	1	Transit	192.168.12.2	2.2.2.2	0.0.0.1

192.168.24.0/24	1	Transit	192.168.24.2	2.2.2.2	0.0.0.0

Routing for NSSAs

Destination	Cost	Type	Tag	NextHop	AdvRouter
192.168.3.0/24	100	Type2	1	192.168.12.1	1.1.1.1

Total Nets: 3

Intra Area: 2   Inter Area: 0   ASE: 0   NSSA: 1

//查看 R3 的路由表

\<R3>dis ip ro

Route Flags: R - relay, D - download to fib

\---

Routing Tables: Public

Destinations : 11   Routes : 11

Destination/Mask	Proto	Pre	Cost	Flags	NextHop	Interface
0.0.0.0/0	Static	60	0	RD	192.168.13.1	GigabitEthernet 0/0/0
127.0.0.0/8	Direct	0	0	D	127.0.0.1	InLoopBack0
127.0.0.1/32	Direct	0	0	D	127.0.0.1	InLoopBack0
127.255.255.255/32	Direct	0	0	D	127.0.0.1	InLoopBack0
192.168.3.0/24	Direct	0	0	D	192.168.3.3	LoopBack0
192.168.3.3/32	Direct	0	0	D	127.0.0.1	LoopBack0
192.168.3.255/32	Direct	0	0	D	127.0.0.1	LoopBack0
192.168.13.0/24	Direct	0	0	D	192.168.13.3	GigabitEthernet 0/0/0
192.168.13.3/32	Direct	0	0	D	127.0.0.1	GigabitEthernet 0/0/0
192.168.13.255/32	Direct	0	0	D	127.0.0.1	GigabitEthernet 0/0/0
255.255.255.255/32	Direct	0	0	D	127.0.0.1	InLoopBack0

//查看 R4 的路由表

\<R4>dis ip ro

Route Flags: R - relay, D - download to fib

\---

Routing Tables: Public

Destinations : 9　　　　Routes : 9

Destination/Mask	Proto	Pre	Cost	Flags	NextHop	Interface
127.0.0.0/8	Direct	0	0	D	127.0.0.1	InLoopBack0
127.0.0.1/32	Direct	0	0	D	127.0.0.1	InLoopBack0
127.255.255.255/32	Direct	0	0	D	127.0.0.1	InLoopBack0
192.168.3.0/24	O_ASE	150	100	D	192.168.24.2	GigabitEthernet 0/0/0
192.168.12.0/24	OSPF	10	2	D	192.168.24.2	GigabitEthernet 0/0/0
192.168.24.0/24	Direct	0	0	D	192.168.24.4	GigabitEthernet 0/0/0
192.168.24.4/32	Direct	0	0	D	127.0.0.1	GigabitEthernet 0/0/0
192.168.24.255/32	Direct	0	0	D	127.0.0.1	GigabitEthernet 0/0/0
255.255.255.255/32	Direct	0	0	D	127.0.0.1	InLoopBack0

```
<R4>dis ospf ro
```

OSPF Process 1 with Router ID 4.4.4.4

　　Routing Tables

Routing for Network

Destination	Cost	Type	NextHop	AdvRouter	Area
192.168.24.0/24	1	Transit	192.168.24.4	4.4.4.4	0.0.0.0
192.168.12.0/24	2	Inter-area	192.168.24.2	2.2.2.2	0.0.0.0

Routing for ASEs

Destination	Cost	Type	Tag	NextHop	AdvRouter
192.168.3.0/24	100	Type2	1	192.168.24.2	2.2.2.2

Total Nets: 3

Intra Area: 1　Inter Area: 1　ASE: 1　NSSA: 0

3. NSSA 区域的综合配置案例

使用 eNSP 搭建实验环境，如图 14.8 所示，案例要求如下：

(1) 配置 OSPF 区域，区域 123 不允许出现 5 类 LSA。

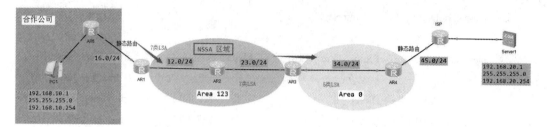

图 14.8　NSSA 区域的综合配置案例

(2) AR4 去往 ISP，使用的是静态的默认路由。

(3) AR1 去往合作公司，使用的也是静态路由，仅需要访问 PC1 即可。

(4) 确保 PC1 和 Server1 互通。

案例的步骤及配置命令如下：

(1) PC 等基本配置的过程省略。

(2) 配置 OSPF：

    <Huawei>undo terminal monitor

    <Huawei>system-view

    [Huawei]sysname R1

    [R1]interface GigabitEthernet 0/0/0

    [R1-GigabitEthernet0/0/0]ip address　192.168.12.1 24

    [R1-GigabitEthernet0/0/0]quit

    [R1]interface GigabitEthernet 0/0/1

    [R1-GigabitEthernet0/0/1]ip address　192.168.16.1 24

    [R1-GigabitEthernet0/0/1]quit

    [R1]ospf 1 router-id　1.1.1.1　　//启用 OSPF，配置 router-id 为 1.1.1.1

    [R1-ospf-1]area　123

    [R1-ospf-1-area-0.0.0.123]network　192.168.12.0 0.0.0.255

    [R1-ospf-1-area-0.0.0.123]quit

    [R1-ospf-1]quit

    <Huawei>undo terminal monitor

    <Huawei>system-view

    [Huawei]sysname R2

    [R2]interface GigabitEthernet 0/0/1

    [R2-GigabitEthernet0/0/1]ip address　192.168.12.2 24

    [R2-GigabitEthernet0/0/1]quit

    [R2]interface GigabitEthernet 0/0/0

    [R2-GigabitEthernet0/0/0]ip address　192.168.23.2 24

```
[R2-GigabitEthernet0/0/0]quit
[R2]ospf 1 router-id   2.2.2.2    //启用 OSPF，配置 router-id 为 2.2.2.2
[R2-ospf-1]area   123
[R2-ospf-1-area-0.0.0.123]network   192.168.12.0 0.0.0.255
[R2-ospf-1-area-0.0.0.123]network   192.168.23.0 0.0.0.255
[R2-ospf-1-area-0.0.0.123]quit
[R2-ospf-1]quit


<Huawei>undo terminal monitor
<Huawei>system-view
[Huawei]sysname R3
[R3]interface GigabitEthernet 0/0/1
[R3-GigabitEthernet0/0/1]ip address   192.168.23.3 24
[R3-GigabitEthernet0/0/1]quit


[R3]interface GigabitEthernet 0/0/0
[R3-GigabitEthernet0/0/0]ip address   192.168.34.3 24
[R3-GigabitEthernet0/0/0]quit


[R3]ospf 1 router-id   3.3.3.3    //启用 OSPF，配置 router-id 为 3.3.3.3
[R3-ospf-1]area   123
[R3-ospf-1-area-0.0.0.123]network   192.168.23.0 0.0.0.255
[R3-ospf-1-area-0.0.0.123]quit
[R3-ospf-1]area 0
[R3-ospf-1-area-0.0.0.0]network   192.168.34.0 0.0.0.255
[R3-ospf-1]quit


<Huawei>undo terminal monitor
<Huawei>system-view
[Huawei]sysname R4
[R4]interface GigabitEthernet 0/0/1
[R4-GigabitEthernet0/0/1]ip address   192.168.34.4 24
[R4-GigabitEthernet0/0/1]quit


[R4]interface GigabitEthernet 0/0/0
[R4-GigabitEthernet0/0/0]ip address   192.168.45.4 24
[R4-GigabitEthernet0/0/0]quit


[R4]ospf 1 router-id   4.4.4.4    //启用 OSPF，配置 router-id 为 4.4.4.4
```

[R4-ospf-1]area 0

[R4-ospf-1-area-0.0.0.0]network　192.168.34.0 0.0.0.255

[R4-ospf-1]quit

<Huawei>undo terminal monitor

<Huawei>system-view

[Huawei]sysname R5

[R5]interface GigabitEthernet 0/0/1

[R5-GigabitEthernet0/0/1]ip address　192.168.45.5 24

[R5-GigabitEthernet0/0/1]quit

[R5]interface GigabitEthernet 0/0/2

[R5-GigabitEthernet0/0/2]ip address　192.168.20.254 24

[R5-GigabitEthernet0/0/2]quit

[R5] ip route-static 192.168.0.0 16　192.168.45.4 //配置去往其他网段的路由条目

<Huawei>undo terminal monitor

<Huawei>system-view

[Huawei]sysname R6

[R6]interface GigabitEthernet 0/0/0

[R6-GigabitEthernet0/0/1]ip address　192.168.16.6 24

[R6-GigabitEthernet0/0/1]quit

[R6]interface GigabitEthernet 0/0/2

[R6-GigabitEthernet0/0/2]ip address　192.168.10.254 24

[R6-GigabitEthernet0/0/2]quit

[R6] ip route-static　192.168.0.0　255.255.0.0　192.168.16.1 //配置去往其他网段的路由条目

(3) 配置区域 123 为 NSSA 区域：

[R1]ospf 1

[R1-ospf-1]area　123

[R1-ospf-1-area-0.0.0.123]nssa　//配置该区域为 NSSA 区域

[R1-ospf-1-area-0.0.0.123]quit

[R2]ospf 1

[R2-ospf-1]area　123

[R2-ospf-1-area-0.0.0.123]nssa　//配置该区域为 NSSA 区域

[R2-ospf-1-area-0.0.0.123]quit

[R3]ospf 1

[R3-ospf-1]area　123

[R3-ospf-1-area-0.0.0.123]nssa　　//配置该区域为 NSSA 区域

[R3-ospf-1-area-0.0.0.123]quit

(4) 配置 AR1 引入合作公司的外部路由：

[R1]ip route-static 192.168.10.0 24 192.168.16.6　//去往合作公司的路由条目

[R1]ospf 1

[R1-ospf-1]import-route static　//将静态路由引入到 OSPF 协议

(5) 配置 AR4 引入去往外部网络的路由：

[R4]ip route-static 0.0.0.0 0 192.168.45.5　//配置去往服务器的路由条目

[R4]ospf 1

[R4-ospf-1]default-route-advertise　//配置 OSPF 产生默认路由

(6) 测试 PC1 和 Server1 的连通性。

PC1>ping 192.168.20.1　//在 PC1 ping Server1，可以互通

ping 192.168.20.1: 32 data bytes, Press Ctrl_C to break

From 192.168.20.1: bytes=32 seq=1 ttl=125 time=31 ms

From 192.168.20.1: bytes=32 seq=2 ttl=125 time=31 ms

From 192.168.20.1: bytes=32 seq=3 ttl=125 time=16 ms

From 192.168.20.1: bytes=32 seq=4 ttl=125 time=16 ms

From 192.168.20.1: bytes=32 seq=5 ttl=125 time=31 ms

--- 192.168.20.1 ping statistics ---

　5 packet(s) transmitted

14.3　OSPF 协议的高级特性

14.3.1　OSPF 路由汇总

1. 路由汇总

路由汇总或路由聚合，是指在发送或者产生路由的时候，将很多的路由条目，汇聚成很少的路由条目的操作。即 ABR 或 ASBR 将具有相同前缀的路由信息聚合，只发布一条路由到其他区域。

路由汇总有如下作用：

(1) 通过减少泛洪的 LSA 数量，以节省邻居设备的系统资源。

(2) 减少路由表中的路由条目的数量。

(3) 通过屏蔽一些不稳定的细节网络，来增强网络的稳定性。

OSPF 路由汇总本质上是针对 OSPF 数据库中的各种类型的 LSA 汇总，OSPF 中 LSA 汇总的类型包括 3 类 LSA 汇总、5 类 LSA 汇总、7 类 LSA 汇总。

2. 路由汇总的配置

1) 3 类 LSA 汇总的配置

只能在 ABR 上配置，只能汇总属于本区域内部的那些路由。例如，对区域 12 发出的 3 类 LSA 进行汇总，配置命令如下：

```
[R1]ospf 1
[R1-ospf-1]area   12
[R1-ospf-1-area-0.0.0.12]abr-summary {ip-address} {mask}
```

2) 5 类/7 类 LSA 汇总的配置

只能在 ASBR 上配置，只能汇总自己产生的 5/7 类 LSA。例如，对 R2 产生的 5 类 LSA 进行汇总，配置命令如下：

```
[R2]ospf 1
[R2-ospf-1]asbr-summary{ip-address} {mask}
```

3. 路由汇总的配置案例

使用 eNSP 搭建实验环境，如图 14.9 所示，案例要求如下：

(1) 配置 OSPF 区域，对区域 12 进行 3 类 LSA 汇总，汇总后为 10.10.0.0/16。

(2) 对区域 45 的直连的链路进行 5 类 LSA 汇总，要求是精确汇总。

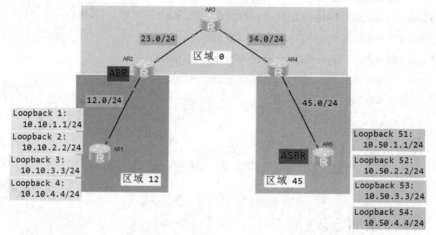

图 14.9   OSPF 路由汇总的配置案例

案例步骤及配置命令如下：

(1) 配置 IP 地址和 OSPF：

```
<Huawei>undo terminal monitor
<Huawei>system-view
[Huawei]sysname R1
```

[R1]interface GigabitEthernet 0/0/0

[R1-GigabitEthernet0/0/0]ip add 192.168.12.1 24

[R1-GigabitEthernet0/0/0]quit

[R1]interface LoopBack　　1

[R1-LoopBack1]ip address　　10.10.1.1 24

[R1-LoopBack1]quit

[R1]interface LoopBack 2

[R1-LoopBack2]ip address 10.10.2.2 24

[R1-LoopBack2]quit

[R1]interface LoopBack　　3

[R1-LoopBack3]ip address　　10.10.3.3 24

[R1-LoopBack3]quit

[R1]interface LoopBack　　4

[R1-LoopBack4]ip address　　10.10.4.4 24

[R1-LoopBack4]quit

[R1]ospf 1 router-id 1.1.1.1　　//启用 OSPF 协议，配置 router-id 为　1.1.1.1

[R1-ospf-1]area 12

[R1-ospf-1-area-0.0.0.12]network　192.168.12.0 0.0.0.255

[R1-ospf-1-area-0.0.0.12]network　10.10.1.0 0.0.0.255

[R1-ospf-1-area-0.0.0.12]network　10.10.2.0 0.0.0.255

[R1-ospf-1-area-0.0.0.12]network　10.10.3.0 0.0.0.255

[R1-ospf-1-area-0.0.0.12]network　10.10.4.0 0.0.0.255

[R1-ospf-1-area-0.0.0.12]quit

<Huawei>undo terminal monitor

<Huawei>system-view

[Huawei]sysname R2

[R2]interface GigabitEthernet 0/0/1

[R2-GigabitEthernet0/0/1]ip add 192.168.12.2 24

[R2-GigabitEthernet0/0/1]quit

[R2]interface GigabitEthernet 0/0/0

[R2-GigabitEthernet0/0/0]ip add 192.168.23.2 24

[R2-GigabitEthernet0/0/0]quit

[R2]ospf 1 router-id 2.2.2.2　　//启用 OSPF 协议，配置 router-id 为 2.2.2.2

[R2-ospf-1]area 12

[R2-ospf-1-area-0.0.0.12]network　　192.168.12.0 0.0.0.255

[R2-ospf-1-area-0.0.0.12]quit

[R2-ospf-1]area 0

[R2-ospf-1-area-0.0.0.0]network　　192.168.23.0 0.0.0.255

[R2-ospf-1-area-0.0.0.0]quit

<Huawei>undo terminal monitor

<Huawei>system-view

[Huawei]sysname R3

[R3]interface GigabitEthernet 0/0/1

[R3-GigabitEthernet0/0/1]ip add 192.168.23.3 24

[R3-GigabitEthernet0/0/1]quit

[R3]interface GigabitEthernet 0/0/0

[R3-GigabitEthernet0/0/0]ip add 192.168.34.3 24

[R3-GigabitEthernet0/0/0]quit

[R3]ospf 1 router-id 3.3.3.3　　//启用 OSPF 协议，配置 router-id 为 3.3.3.3

[R3-ospf-1]area 0

[R3-ospf-1-area-0.0.0.0]network　　192.168.23.0 0.0.0.255

[R3-ospf-1-area-0.0.0.0]network　　192.168.34.0 0.0.0.255

[R3-ospf-1-area-0.0.0.0]quit

<Huawei>undo terminal monitor

<Huawei>system-view

[Huawei]sysname R4

[R4]interface GigabitEthernet 0/0/1

[R4-GigabitEthernet0/0/1]ip add 192.168.34.4 24

[R4-GigabitEthernet0/0/1]quit

[R4]interface GigabitEthernet 0/0/0

[R4-GigabitEthernet0/0/0]ip add 192.168.45.4 24

[R4-GigabitEthernet0/0/0]quit

[R4]ospf 1 router-id 4.4.4.4　　//启用 OSPF 协议，配置 router-id 为 4.4.4.4

[R4-ospf-1]area 0

[R4-ospf-1-area-0.0.0.0]network　　192.168.34.0 0.0.0.255

[R4-ospf-1-area-0.0.0.0]quit
[R4-ospf-1]area 45
[R4-ospf-1-area-0.0.0.0]network　192.168.45.0 0.0.0.255

<Huawei>undo terminal monitor
<Huawei>system-view
[Huawei]sysname R5
[R5]interface GigabitEthernet 0/0/1
[R5-GigabitEthernet0/0/1]ip add 192.168.45.5 24
[R5-GigabitEthernet0/0/1]quit

[R1]interface LoopBack　51
[R1-LoopBack1]ip address　10.50.1.1 24
[R1-LoopBack1]quit

[R1]interface LoopBack 52
[R1-LoopBack2]ip address 10.50.2.2 24
[R1-LoopBack2]quit

[R1]interface LoopBack　53
[R1-LoopBack3]ip address　10.50.3.3 24
[R1-LoopBack3]quit

[R1]interface LoopBack　54
[R1-LoopBack4]ip address　10.50.4.4 24
[R1-LoopBack4]quit

[R5]ospf 1 router-id 5.5.5.5　//启用 OSPF 协议，配置 router-id 为 5.5.5.5
[R5-ospf-1]import-route direct　//将直连链路引入到 OSPF 协议
[R5-ospf-1]area 45

[R5-ospf-1-area-0.0.0.56]network　192.168.45.0 0.0.0.255
[R5-ospf-1-area-0.0.0.56]quit

(2) 对区域 12 进行 3 类 LSA 汇总：
[R2]ospf 1
[R2-ospf-1]area　12
[R2-ospf-1-area-0.0.0.12]abr-summary　10.10.0.0 255.255.0.0 //对区域 12 发出的 3 类 LSA 进行汇总
(3) 对区域 45 的 5 类 LSA 要求是精确汇总。

[R5]ospf 1

[R5-ospf-1]asbr-summary 10.50.0.0 255.255.248.0 //对 R5 产生的 5 类 LSA 进行汇总

14.3.2　OSPF 虚链路

1. OSPF 虚链路

OSPF 划分区域之后，骨干区域负责区域之间的路由，非骨干区域之间的路由信息必须通过骨干区域来转发。对此，OSPF 有如下两个规定：

(1) 所有非骨干区域必须与骨干区域保持连通。

(2) 骨干区域自身也必须保持连通。

但在实际应用中，可能会因为各方面条件的限制，无法满足上述两个要求。这时可以通过配置 OSPF 虚链路(Virtual Link)予以解决。

虚链路是指在两台 ABR 之间通过一个非骨干区域而建立的一条逻辑上的连接通道。

在图 14.10 中，Area20 与骨干区域之间没有直接相连的物理链路，但可以在 ABR 上配置虚链路，使 Area20 通过一条逻辑链路与骨干区域保持连通。

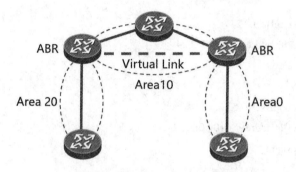

图 14.10　OSPF 虚链路(1)

虚链路的另外一个应用是提供冗余的备份链路，当骨干区域因链路故障不能保持连通时，通过虚链路仍然可以保证骨干区域在逻辑上的连通性，如图 14.11 所示。

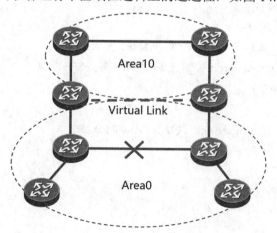

图 14.11　OSPF 虚链路(2)

虚链路相当于在两个 ABR 之间形成了一个点到点的连接，两台 ABR 之间直接传递 OSPF 的报文信息，它们之间的 OSPF 路由器只是起到一个转发报文的作用。

2. OSPF 虚链路的配置

OSPF 虚链路只能配置在两个 ABR 之间，例如，虚链路穿过区域 10，配置命令如下：

微课视频 028

```
[R2]ospf 1
[R2-ospf-1]area   10
[R2-ospf-1-area-0.0.0.10]vlink-peer   {router-id}   // 虚链路对端设备的
router-id
```

3. OSPF 虚链路配置案例

公司网络扩容后，新的区域 2 与骨干区域无法相连后，使用 eNSP 搭建实验环境，要求配置虚链路解决问题，如图 14.12 所示。

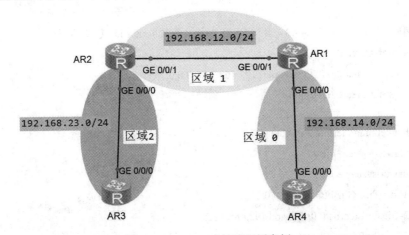

图 14.12　OSPF 虚链路配置案例

案例的步骤及配置命令如下：

(1) 配置 IP 地址和 OSPF 网络：

```
<Huawei>undo terminal monitor
<Huawei>system-view
[Huawei]sysname R1
[R1]interface GigabitEthernet 0/0/0
[R1-GigabitEthernet0/0/0]ip add 192.168.14.1 24
[R1-GigabitEthernet0/0/0]quit

[R1]interface GigabitEthernet 0/0/1
[R1-GigabitEthernet0/0/1]ip add 192.168.12.1 24
[R1-GigabitEthernet0/0/1]quit

[R1]ospf 1 router-id 1.1.1.1   //启用 OSPF 协议，配置 router-id 为 1.1.1.1
```

[R1-ospf-1]area 0

[R1-ospf-1-area-0.0.0.0]network　192.168.14.0 0.0.0.255

[R1-ospf-1-area-0.0.0.0]quit

[R1-ospf-1]area 1

[R1-ospf-1-area-0.0.0.1]network　192.168.12.0 0.0.0.255

[R1-ospf-1-area-0.0.0.1]quit

<Huawei>undo terminal monitor

<Huawei>system-view

[Huawei]sysname R4

[R4]interface GigabitEthernet 0/0/0

[R4-GigabitEthernet0/0/0]ip add 192.168.14.4 24

[R4-GigabitEthernet0/0/0]quit

[R4]ospf 1 router-id 4.4.4.4　//启用 OSPF 协议，配置 router-id 为 4.4.4.4

[R4-ospf-1]area 0

[R4-ospf-1-area-0.0.0.0]network　192.168.14.0 0.0.0.255

[R4-ospf-1-area-0.0.0.0]quit

<Huawei>undo terminal monitor

<Huawei>system-view

[Huawei]sysname R2

[R2]interface GigabitEthernet 0/0/1

[R2-GigabitEthernet0/0/1]ip add 192.168.12.2 24

[R2-GigabitEthernet0/0/1]quit

[R2]interface GigabitEthernet 0/0/0

[R2-GigabitEthernet0/0/0]ip add 192.168.23.2 24

[R2-GigabitEthernet0/0/0]quit

[R2]ospf 1 router-id 2.2.2.2　//启用 OSPF 协议，配置 router-id 为 2.2.2.2

[R2-ospf-1]area 1

[R2-ospf-1-area-0.0.0.1]network　192.168.12.0 0.0.0.255

[R2-ospf-1-area-0.0.0.1]quit

[R2-ospf-1]area 2

[R2-ospf-1-area-0.0.0.2]network　192.168.23.0 0.0.0.255

[R2-ospf-1-area-0.0.0.2]quit

(2) 在 R1 和 R2 之间配置虚链路：

[R1]ospf 1

[R1-ospf-1]area　1

[R1-ospf-1-area-0.0.0.1]vlink-peer　2.2.2.2 //经过区域 1，配置虚链路

[R2]ospf 1

[R2-ospf-1]area　1

[R2-ospf-1-area-0.0.0.1]vlink-peer　1.1.1.1 //经过区域 1，配置虚链路

(3) 验证 R3 和 R4 可以互相 ping 通。

[R3]ping　192.168.14.4

　　PING 192.168.14.4: 56　 data bytes, press CTRL_C to break

　　　Reply from 192.168.14.4: bytes=56 Sequence=1 ttl=255 time=30 ms

　　　Reply from 192.168.14.4: bytes=56 Sequence=2 ttl=255 time=20 ms

　　　Reply from 192.168.14.4: bytes=56 Sequence=3 ttl=255 time=10 ms

　　　Reply from 192.168.14.4: bytes=56 Sequence=4 ttl=255 time=30 ms

　　　Reply from 192.168.14.4: bytes=56 Sequence=5 ttl=255 time=10 ms

　　--- 192.168.14.4 ping statistics ---

　　　5 packet(s) transmitted

　　　5 packet(s) received

　　　0.00% packet loss

　　round-trip min/avg/max = 10/20/30 ms

　[R4]ping　192.168.23.3

　　PING 192.168.23.3: 56　 data bytes, press CTRL_C to break

　　　Reply from 192.168.23.3: bytes=56 Sequence=1 ttl=255 time=30 ms

　　　Reply from 192.168.23.3: bytes=56 Sequence=2 ttl=255 time=20 ms

　　　Reply from 192.168.23.3: bytes=56 Sequence=3 ttl=255 time=10 ms

　　　Reply from 192.168.23.3: bytes=56 Sequence=4 ttl=255 time=30 ms

　　　Reply from 192.168.23.3: bytes=56 Sequence=5 ttl=255 time=10 ms

　　--- 192.168.23.3 ping statistics ---

　　　5 packet(s) transmitted

　　　5 packet(s) received

　　　0.00% packet loss

　　round-trip min/avg/max = 10/20/30 ms

本 章 小 结

OSPF 划分区域之后，骨干区域负责区域之间的路由，非骨干区域之间的路由信息必须通过骨干区域来转发。非骨干区域包括：标准区域、Stub 区域、Totally Stub 区域、NSSA

(Not-So-Stubby Area)区域、Totally NSSA 区域。

OSPF 宣告方式有两种，一种是通过 network 宣告路由，另一种是通过 import-route 宣告路由。

Stub 区域不允许接收 4 类 LSA 和 5 类 LSA，允许接收 1 类、2 类、3 类 LSA。Totally Stub 区域不允许接收 3 类、4 类 和 5 类 LSA ，允许接收 1 类、2 类 LSA。

NSSA 区域允许 1 类、2 类、3 类、7 类 LSA，不允许 4 类、5 类 LSA。Totally NSSA 区域允许 1 类、2 类、7 类 LSA，不允许 3 类、4 类、5 类 LSA。

OSPF 路由汇总的作用有：通过减少泛洪的 LSA 数量，以节省邻居设备的系统资源；减少路由表中的路由条目的数量；通过屏蔽一些不稳定的细节网络，来增强网络的稳定性。

虚链路是指在两台 ABR 之间通过一个非骨干区域而建立的一条逻辑上的连接通道。

习　题

1. 关于 OSPF 宣告路由的方式，以下描述错误的是 (　　)。

A. OSPF 支持 network 和重分发两种路由宣告方式

B. 通过 network 宣告的路由，称为 OSPF 内部路由

C. 支持重分发宣告方式的 OSPF 路由器，称为 ABR

D. 通过重分发宣告的路由，称为 OSPF 外部路由

2. 关于 OSPF 的特殊区域，以下描述正确的是 (　　)。

A. 不支持 5 类 LSA 的，称为特殊区域

B. 骨干区域不能配置为特殊区域

C. Stub 区域中不允许 3、4、5 类 LSA

D. 普通区域支持 1、2、3、4、5、7 类 LSA

3. 关于 stub 区域，以下描述正确的是 (　　)。

A. 为了保护区域不受外部不稳定链路造成的影响，可以将其设置为 stub 区域

B. 任何一个区域都可以配置为 stub 区域

C. 在 stub 区域中，仅仅配置为 ABR 配置 stub 相关命令即可

D. 为了保护区域不受区域之间链路的影响，也可以设置为 stub 区域

4. 关于 NSSA 区域，以下描述正确的是 (　　)。

A. NSSA 区域的 ABR 不可以引入外部路由

B. NSSA 区域不支持 4、5 类 LSA

C. NSSA 支持 4 类 LSA

D. Totally NSSA 只包含 1、2、7 类 LSA

扫码看答案

第 15 章

IPv6 与 WLAN 网络配置

本章目标

- 理解 IPv6 地址三种类型；
- 掌握 IPv6 地址配置；
- 掌握 OSPFv3 配置的步骤及命令；
- 掌握 DHCPv6 配置的步骤及命令；
- 了解无线局域网的发展；
- 掌握 WLAN 组网的架构；
- 掌握大中型 WLAN 网络配置方案。

问题导向

- IPv6 地址有多少位？
- OSPFv3 通过什么来标识邻居？
- DHCPv6 中继的作用是什么？
- 无线 AP 的作用是什么？
- 无线 AC 的作用是什么？

15.1　IPv6 配置与应用

15.1.1　IPv6 地址及应用

1. IPv6 简介

目前 Internet 所采用的是 TCP/IP 协议族，IP 协议的主流版本号是 4，称为 IPv4。IPv4 使用的地址位数为 32 位。由于互联网的蓬勃发展，全球 IPv4 地址已经耗尽。

互联网通信协议第 6 版(Internet Protocol version 6，IPv6)是互联网协议的一个新的版本，旨在解决 IPv4 协议应用中地址枯竭的问题。IPv6 协议中的地址位大小为 128 位，它允许的地址空间包含 2^{128}(约 3.4×10^{38})个可能的地址。IPv6 的地址空间如此之大，足够为地球上的每一粒沙子分配一个独立的 IPv6 地址。

2. IPv6 地址格式

1) IPv6 地址的首选格式

IPv6 的 128 位地址被分成 8 段，每 16 位为一段，每段转换为十六进制数，并用冒号隔开，如 2001:0210:0000:0001:0000:0000:0000:45F1。

2) 压缩表示

可以将不必要的 0 去掉，规则为：每个段中开头的 0 可以省掉，而中间和末尾的 0，不做省略；对于一个段中全部数字为 0 的情况，保留一个 0。

根据这些规则，上述地址可以表示成如下形式：2001:210:0:1:0:0:0:45F1。

我们还可以更加简化，当地址中存在一个或多个连续的 16 bit 的 0 字符时，为了缩短地址长度，可用一个 "::"(双冒号)来表示，但一个 IPv6 地址中只允许有一个 "::"。上述地址可以进一步表示成如下形式：2001:210:0:1::45F1。

IPv6 地址由两部分组成：地址前缀与接口标识。其中，地址前缀相当于 IPv4 地址中的网络部分，接口标识相当于 IPv4 地址中的主机部分。

地址前缀的表示方式为：IPv6 地址/前缀长度。其中，前缀长度是一个十进制数，表示 IPv6 地址的最左边多少位为地址前缀。

3. IPv6 地址分类

IPv6 主要有三种类型的地址：单播地址、组播地址和任播地址。

1) 单播地址

单播地址用来唯一标识一个接口，类似于 IPv4 的单播地址。

2) 组播地址

组播地址用来标识一组接口(通常这组接口属于不同的节点)，类似于 IPv4 的组播地址。发送到组播地址的数据报文被传送给此地址所标识的所有接口。IPv6 中没有广播地址，广播地址的功能可通过组播地址来实现。

3) 任播地址

任播地址用来标识一组接口(通常这组接口属于不同的节点)。发送到任播地址的数据报文被传送给此地址所标识的一组接口中距离源节点最近的一个接口。

4. 单播地址的类型

IPv6 单播地址的类型有多种，包括全球单播地址、链路本地地址和站点本地地址等。

1) 全球单播地址

全球单播地址等同于 IPv4 协议中的公网地址，提供给网络服务商。这种类型的地址允许路由前缀的聚合，从而限制了全球路由表项的数量。

2) 链路本地地址

链路本地地址用于邻居发现协议和无状态自动配置中链路本地上节点之间的通信。使用链路本地地址作为源或目的地址的数据报文不会被转发到其他链路上。

为了简化主机配置，IPv6 支持有状态地址配置和无状态地址配置。有状态地址配置是指从服务器(如 DHCP 服务器)获取 IPv6 地址及相关信息。无状态地址配置是指主机根据自己的链路层地址及路由器发布的前缀信息自动配置 IPv6 地址及相关信息。

同时，主机也可根据自己的链路层地址及默认前缀(FE80::/10)形成链路本地地址，实现与本链路上其他主机的通信。

3) 站点本地地址

站点本地地址与 IPv4 中的私有地址类似。使用站点本地地址作为源或目的地址的数据报文不会被转发到本站点(相当于一个私有网络)之外的其他站点。

4) 环回地址

单播地址 0:0:0:0:0:0:0:1(简化表示为::1)称为环回地址，不能分配给任何物理接口。它的作用与 IPv4 中的环回地址的作用相同，即节点用来给自己发送 IPv6 报文。

5) 未指定地址

地址 "::" 称为未指定地址，不能分配给任何节点。在节点获得有效的 IPv6 地址之前，可以在发送的 IPv6 报文的源地址字段填入该地址，但不能作为 IPv6 报文中的目的地址。

5. IPv6 基本配置的案例

使用 eNSP 搭建实验环境，如图 15.1 所示，具体要求如下：

(1) 配置 IPv6 地址，查看并测试 IPv6 接口和连通性。

(2) 确保 PC1 和 PC2 互通。

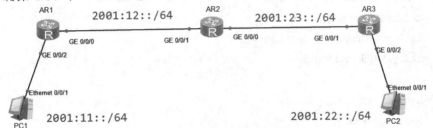

图 15.1　IPv6 基本配置案例

案例的步骤及配置命令如下：

(1) 配置终端设备：

    PC1 的 IP 地址 2001:11::1/64，网关 2001:11::254

    PC2 的 IP 地址 2001:22::1/64，网关 2001:22::254

(2) 配置网络设备：

    <Huawei>undo terminal monitor

    <Huawei>system-view

    [Huawei]sysname R1

    [R1]ipv6　　　//开启 IPv6 功能

    [R1]interface GigabitEthernet 0/0/0　　//连接 R2 所用的接口

    [R1-GigabitEthernet0/0/0]ipv6 enable

    [R1-GigabitEthernet0/0/0]ipv6 address 2001:12::1 64

    [R1-GigabitEthernet0/0/0]quit

[R1]interface GigabitEthernet 0/0/2　　//连接 PC1 的网关接口

[R1-GigabitEthernet0/0/2]ipv6 enable

[R1-GigabitEthernet0/0/2]ipv6 address 2001:11::254 64

[R1-GigabitEthernet0/0/2]quit

<Huawei>undo terminal monitor

<Huawei>system-view

[Huawei]sysname R2

[R2]ipv6　　//开启 IPv6 功能

[R2]interface GigabitEthernet 0/0/1　　//连接 R1 所用的接口

[R2-GigabitEthernet0/0/1]ipv6 enable

[R2-GigabitEthernet0/0/1]ipv6 address 2001:12::2 64

[R2-GigabitEthernet0/0/1]quit

[R2]interface GigabitEthernet 0/0/0　　//连接 R3 所用的接口

[R2-GigabitEthernet0/0/0]ipv6 enable

[R2-GigabitEthernet0/0/0]ipv6 address 2001:23::2 64

[R2-GigabitEthernet0/0/0]quit

<Huawei>undo terminal monitor

<Huawei>system-view

[Huawei]sysname R3

[R3]ipv6　　//开启 IPv6 功能

[R3]interface GigabitEthernet 0/0/0　　//连接 R2 所用的接口

[R3-GigabitEthernet0/0/0]ipv6 enable

[R3-GigabitEthernet0/0/0]ipv6 address 2001:23::3 64

[R3-GigabitEthernet0/0/0]quit

[R3]interface GigabitEthernet 0/0/2　　//连接 PC1 的网关接口

[R3-GigabitEthernet0/0/2]ipv6 enable

[R3-GigabitEthernet0/0/2]ipv6 address 2001:22::254 64

[R3-GigabitEthernet0/0/2]quit

(3) 配置 IPv6 路由条目：

[R1]ipv6 route-static　　:: 0 2001:12::2　　//配置 IPv6 静态默认路由

[R3]ipv6 route-static　　:: 0 2001:23::2　　//配置 IPv6 静态默认路由

[R2] ipv6 route-static 2001:11:: 64　2001:12::1 //配置去往 PC1 的路由

[R2] ipv6 route-static 2001:22:: 64　2001:23::3 //配置去往 PC2 的路由

(4) 测试 PC1 与 PC2 的连通性：

PC1>ping 2001:22::1

ping 2001:22::1: 32 data bytes, Press Ctrl_C to break

From 2001:22::1: bytes=32 seq=1 hop limit=254 time<1 ms

From 2001:22::1: bytes=32 seq=2 hop limit=254 time=15 ms

From 2001:22::1: bytes=32 seq=3 hop limit=254 time=16 ms

From 2001:22::1: bytes=32 seq=4 hop limit=254 time=15 ms

From 2001:22::1: bytes=32 seq=5 hop limit=254 time=16 ms

--- 2001:22::1 ping statistics ---

　　5 packet(s) transmitted

　　5 packet(s) received

　　0.00% packet loss

　　round-trip min/avg/max = 0/12/16 ms

PC2>ping 2001:11::1

ping 2001:11::1: 32 data bytes, Press Ctrl_C to break

From 2001:11::1: bytes=32 seq=1 hop limit=254 time=16 ms

From 2001:11::1: bytes=32 seq=2 hop limit=254 time=16 ms

From 2001:11::1: bytes=32 seq=3 hop limit=254 time=15 ms

From 2001:11::1: bytes=32 seq=4 hop limit=254 time=16 ms

From 2001:11::1: bytes=32 seq=5 hop limit=254 time=15 ms

--- 2001:11::1 ping statistics ---

　　5 packet(s) transmitted

　　5 packet(s) received

　　0.00% packet loss

　　round-trip min/avg/max = 15/15/16 ms

15.1.2　OSPFv3 及其实现

1. OSPFv3 简介

OSPFv3 是 OSPF 协议(Open Shortest Path First，开放最短路径优先)版本 3 的简称，主要提供对 IPv6 的支持。

2. OSPFv3 和 OSPFv2 的相同点

(1) Router ID、Area ID 都是 32 位的。

(2) 具有相同类型的报文，即 Hello 报文、DD(Database Description，数据库描述)报文、LSR(Link State Request，链路状态请求)报文、LSU(Link State Update，链路状态更新)报文和 LSAck(Link State Acknowledgment，链路状态确认)报文。

(3) 具有相同的邻居发现机制和邻接形成机制。

(4) 具有相同的 LSA 扩散机制和老化机制。

3. OSPFv3 和 OSPFv2 的不同点

(1) OSPFv3 基于链路运行，OSPFv2 基于网段运行。

(2) OSPFv3 在同一条链路上可以运行多个实例，即一个接口可以使能多个 OSPFv3 进程。

(3) OSPFv3 通过 Router ID 来标识邻居，OSPFv2 则通过 IPv4 地址来标识邻居。

4. OSPFv3 的配置案例

使用 eNSP 搭建实验环境，如图 15.2 所示，具体要求如下：

微课视频 029

(1) 配置 IPv6 地址，启用 OSPFv3 协议。

(2) 查看 OSPFv3 邻居和数据库 LSA。

(3) 确保 AR1 和 AR3 可以互相访问。

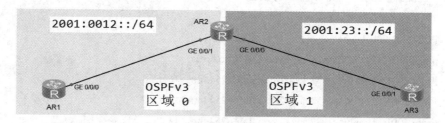

图 15.2　OSPFv3 配置案例

案例的步骤及配置命令如下：

(1) 配置 R1 地址，并启用 OSPFv3：

```
<Huawei>undo terminal monitor
<Huawei>system-view
[Huawei]sysname R1
[R1]ipv6          //开启 IPv6 功能

[R1]interface GigabitEthernet 0/0/0
[R1-GigabitEthernet0/0/0]ipv6 enable
[R1-GigabitEthernet0/0/0]ipv6 address 2001:12::1 64
[R1-GigabitEthernet0/0/0]quit

[R1]ospfv3 1                        //启用 OSPFv3 协议
[R1-ospfv3-1]router-id 1.1.1.1      //必须手动配置 router-id
[R1-ospfv3-1]quit
```

```
[R1]interface GigabitEthernet 0/0/0
[R1-GigabitEthernet0/0/0]ospfv3 1 area 0   //将接口宣告进入到 OSPFv3 进程 1 的区域 0
[R1-GigabitEthernet0/0/0]quit
```

(2) 配置 R2 地址，并启用 OSPFv3：

```
<Huawei>undo terminal monitor
<Huawei>system-view
[Huawei]sysname R2
[R2]ipv6      //开启 IPv6 功能

[R2]interface GigabitEthernet 0/0/0
[R2-GigabitEthernet0/0/0]ipv6 enable
[R2-GigabitEthernet0/0/0]ipv6 address 2001:23::2 64
[R2-GigabitEthernet0/0/0]quit

[R2]interface GigabitEthernet 0/0/1
[R2-GigabitEthernet0/0/1]ipv6 enable
[R2-GigabitEthernet0/0/1]ipv6 address 2001:12::2 64
[R2-GigabitEthernet0/0/1]quit

[R2]ospfv3 1                          //启用 OSPFv3 协议
[R2-ospfv3-1]router-id 2.2.2.2        //必须手动配置 router-id
[R2-ospfv3-1]quit

[R2]interface GigabitEthernet 0/0/1
[R2-GigabitEthernet0/0/1]ospfv3 1 area 0   //将接口宣告进入到 OSPFv3 进程 1 的区域 0
[R2-GigabitEthernet0/0/1]quit

[R2]interface GigabitEthernet 0/0/0
[R2-GigabitEthernet0/0/0]ospfv3 1 area 1   //将接口宣告进入到 OSPFv3 进程 1 的区域 1
[R2-GigabitEthernet0/0/0]quit
```

(3) 配置 R3 地址，并启用 OSPFv3：

```
<Huawei>undo terminal monitor
<Huawei>system-view
[Huawei]sysname R3
[R3]ipv6      //开启 IPv6 功能

[R3]interface GigabitEthernet 0/0/1
```

　　　　[R3-GigabitEthernet0/0/1]ipv6 enable

　　　　[R3-GigabitEthernet0/0/1]ipv6 address 2001:23::3 64

　　　　[R3-GigabitEthernet0/0/1]quit

　　　　[R3]ospfv3 1　　　　　　　　　　　　//启用 OSPFv3 协议

　　　　[R3-ospfv3-1]router-id 3.3.3.3　　　//必须手动配置 router-id

　　　　[R3-ospfv3-1]quit

　　　　[R3]interface GigabitEthernet 0/0/1

　　　　[R3-GigabitEthernet0/0/1]ospfv3 1 area 1　//将接口宣告进入到 OSPFv3 进程 1 的区域 1

　　　　[R3-GigabitEthernet0/0/1]quit

　　(4) 验证 R1 与 R3 之间的互通性：

　　　　[R1]ping ipv6 2001:23::3

　　　　　　PING 2001:23::3 : 56　　data bytes, press CTRL_C to break

　　　　　　　Reply from 2001:23::3

　　　　　　　bytes=56 Sequence=1 hop limit=63　　time = 30 ms

　　　　　　　Reply from 2001:23::3

　　　　　　　bytes=56 Sequence=2 hop limit=63　　time = 30 ms

　　　　　　　Reply from 2001:23::3

　　　　　　　bytes=56 Sequence=3 hop limit=63　　time = 40 ms

　　　　　　　Reply from 2001:23::3

　　　　　　　bytes=56 Sequence=4 hop limit=63　　time = 30 ms

　　　　　　　Reply from 2001:23::3

　　　　　　　bytes=56 Sequence=5 hop limit=63　　time = 30 ms

　　　　　--- 2001:23::3 ping statistics ---

　　　　　　　5 packet(s) transmitted

　　　　　　　5 packet(s) received

　　　　　　　0.00% packet loss

　　　　　　　round-trip min/avg/max = 30/32/40 ms

15.1.3　DHCPv6 及其实现

1. DHCPv6

　　DHCPv6(Dynamic Host Configuration Protocol for IPv6)是针对 IPv6 设计的，支持 IPv6 的动态主机配置协议为主机分配 IPv6 前缀、IPv6 地址和其他网络配置参数的协议。

　　目前 IPv6 地址的分配方法有以下几种：手动配置、无状态自动地址分配、有状态自动地址分配，即 DHCPv6 方式。

　　与其他 IPv6 地址分配方式相比，DHCPv6 具有以下优点：

　　(1) 更好地控制地址的分配。通过 DHCPv6 不仅可以记录为主机分配的地址，还可以为特定主机分配特定的地址，以便于网络管理。

(2) 为客户端分配前缀，以便于全网络的自动配置和管理。

(3) 除了 IPv6 前缀、IPv6 地址外，还可以为主机分配 DNS 服务器、域名后缀等网络配置参数。

2. DHCPv6 的角色

DHCPv6 的角色分为以下三种，如图 15.3 所示。

(1) DHCPv6 客户端：通过 DHCPv6 协议请求获取 IPv6 地址等网络参数的设备。

(2) DHCPv6 服务器：负责为 DHCPv6 客户端分配网络参数的设备。

(3) DHCPv6 中继：负责转发 DHCPv6 服务器和 DHCPv6 客户端之间的 DHCPv6 报文，协助 DHCPv6 服务器向 DHCPv6 客户端动态分配网络参数的设备，如图 15.3 所示。

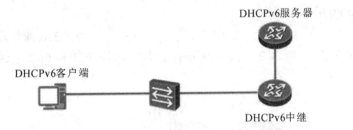

图 15.3　DHCP 的角色

3. DHCPv6 的工作机制

DHCPv6 服务器为客户端分配地址/前缀的过程分为两类：交换两个消息的快速分配过程，交换四个消息的分配过程。

(1) 交换两个消息的快速分配过程。

如果 DHCPv6 客户端在向 DHCPv6 服务器发送的 Solicit 消息中携带 Rapid Commit 的选项，则标识着客户端希望服务器能够快速为其分配地址/前缀和其他网络配置参数。

如果 DHCPv6 服务器支持快速分配过程，则直接返回 Reply 消息，为客户端分配 IPv6 地址、前缀和其他网络配置参数。如果 DHCPv6 服务器不支持快速分配过程，则采用交换四个消息的分配过程。

(2) 交换四个消息的分配过程如图 15.4 所示。

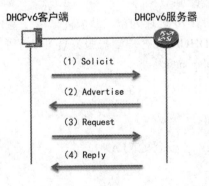

图 15.4　DHCPv6 交换四个消息的分配过程

DHCPv6 客户端发送 Solicit 消息，请求 DHCPv6 服务器为其分配 IPv6 地址、前缀和网络配置参数。

如果 Solicit 消息中没有携带 Rapid Commit 选项，或 Solicit 消息中携带 Rapid Commit 选项，但服务器不支持快速分配过程，则 DHCPv6 服务器回复 Advertise 消息，通知客户端可以为其分配的地址、前缀和网络配置参数。

如果 DHCPv6 客户端接收到多个服务器回复的 Advertise 消息，则根据消息接收的先后顺序、服务器优先级等，选择其中一台服务器，并向该服务器发送 Request 消息，请求服务器确认为其分配地址、前缀和网络配置参数。

DHCPv6 服务器回复 Reply 消息，将确认的地址、前缀和网络配置参数分配给客户端使用。

4. DHCPv6 的配置案例

使用 eNSP 搭建实验环境，如图 15.5 所示，AR1 是 DHCPv6 服务器，要求为其配置 IPv6 地址，确保 PC1 和 PC2 自动获取 IPv6 地址，确保 PC1 和 PC2 互通。

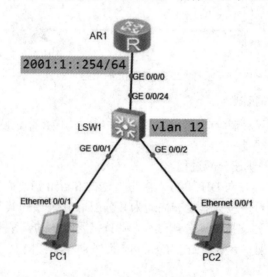

图 15.5　DHCPv6 的配置案例

案例的步骤及配置命令如下：

(1) 设置 PC1 和 PC2 的 IPv6 地址为自动获取。

(2) 设置 SW1，确保 DHCPv6 客户端与服务器可以互通：

<Huawei>undo terminal monitor

<Huawei>system-view

[Huawei]sysname SW1

[SW1]vlan 12　　　　　　　//创建 VLAN 12

[SW1-vlan12]quit

[SW1]interface gi0/0/1　　//连接 PC1 所用的接口

[SW1-GigabitEthernet0/0/1]port link-type access

[SW1-GigabitEthernet0/0/1]port default vlan 12

[SW1-GigabitEthernet0/0/1]quit

[SW1]interface GigabitEthernet 0/0/2　　　　//连接 PC2 所用的接口

[SW1-GigabitEthernet0/0/2]port link-type access

[SW1-GigabitEthernet0/0/2]port default vlan 12

[SW1-GigabitEthernet0/0/2]quit

[SW1]interface GigabitEthernet 0/0/24　　　　//连接 R1 所用的接口

[SW1-GigabitEthernet0/0/24]port link-type access

[SW1-GigabitEthernet0/0/24]port default vlan 12

[SW1-GigabitEthernet0/0/24]quit

(3) 配置 R1 为 DHCPv6 服务器：

<Huawei>undo terminal monitor

[Huawei]sysname R1

[R1]ipv6　enable//开启 IPv6 功能

[R1]interface GigabitEthernet 0/0/0

[R1-GigabitEthernet0/0/0]ipv6 enable

[R1-GigabitEthernet0/0/0]ipv6　address 2001:1::254/64

[R1-GigabitEthernet0/0/0]quit

[R1]dhcp enable //开启 DHCP 功能

[R1]dhcpv6 pool VLAN12　　　　　　//配置 IPv6 的 DHCP 地址池

[R1-dhcpv6-pool-VLAN12]address prefix 2001:1::/64　　//指定 IPv6 的网段

[R1-dhcpv6-pool-VLAN12]excluded-address 2001:1::254 //排除 IPv6 地址

[R1-dhcpv6-pool-VLAN12]quit

[R1]interface gi0/0/0

[R1-GigabitEthernet0/0/0]dhcpv6 server VLAN12 //在接口上关联 IPv6 地址池

[R1-GigabitEthernet0/0/0]quit

(4) 验证 PC1 与 PC2 之间的互通性：

PC1>ping 2001:1::1　　　　　　　　　　　　//在 PC1 上访问 PC2 的 IPv6 地址

ping 2001:1::1: 32 data bytes, Press Ctrl_C to break

From 2001:1::1: bytes=32 seq=1 hop limit=254 time=141 ms

From 2001:1::1: bytes=32 seq=2 hop limit=254 time=78 ms

From 2001:1::1: bytes=32 seq=3 hop limit=254 time=78 ms

From 2001:1::1: bytes=32 seq=4 hop limit=254 time=78 ms

From 2001:1::1: bytes=32 seq=5 hop limit=254 time=62 ms

--- 2001:1::1 ping statistics ---

    5 packet(s) transmitted

    5 packet(s) received

    0.00% packet loss

    round-trip min/avg/max = 62/87/141 ms

15.2 WLAN 组网配置

15.2.1 WLAN 组网架构

1. WLAN 基础

WLAN 是无线局域网(Wireless Local Area Network)的简称，它是通过无线电波进行数据传输的。目前 WLAN 技术已经发展成熟，被广泛应用于家庭、企业网、行业网、运营商网络。

IEEE 802.11 标准是第一个无线局域网标准，诞生于 1997 年，它主要用于解决办公室和校园等局域网中用户终端的无线接入问题。数据传输所采用的射频频段为 2.4 GHz，其速率最高只能达到 2 Mb/s。

后来，随着无线网络的发展，IEEE 推出了 802.11a/b/g 等标准，最高接入速率分别是 54 Mb/s、11 Mb/s、54 Mb/s。

2009 年 IEEE 推出了 802.11n 标准，最高接入速率是 600 Mb/s。

802.11n 之后的版本 IEEE 802.11ac，工作在 5G 频段，理论上可以提供高达 1 Gb/s 的数据传输能力。

2. 无线网络设备

无线网络设备就是基于无线通信协议而设计出的网络设备。这里以华为的无线网络设备为例进行介绍。

华为 WLAN 设备包括 WLAN 服务器、AC(接入控制器)和 AP(无线接入点)、PoE 交换机、无线终端等，部分产品如图 15.6 所示。

(1) 华为的 WLAN 服务器主要有 eSight(有线无线一体化网管)、TSM(终端安全管理)等。

eSight 是华为面向企业网管理推出的新一代网络管理系统，实现对企业资源、业务、用户的统一管理以及智能联动。

eSight 支持对 IT&IP 以及第三方设备的统一管理，同时对网络流量、接入认证角色等进行智能分析，自动调整网络控制策略，全方位保证企业的网络安全。eSight 为企业量身打造自己的智能管理系统提供了灵活的开放平台。

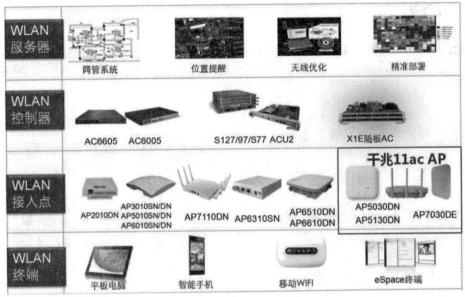

图 15.6　华为 WLAN 设备

(2) 无线 AP 是 Access Point 的简称，它是用于无线网络的无线交换机，也是无线网络的核心。无线 AP 是移动计算机用户进入有线网络的接入点，主要用于宽带家庭、楼宇以及园区内部，典型的覆盖距离为几十米至上百米，目前主要应用的技术为 802.11 系列。大多数无线 AP 还带有接入点客户端模式(AP client)，可以和其他 AP 进行无线连接，延展了网络的覆盖范围。

华为的 AP 分为室内 AP、室分 AP 和室外 AP，以及最新的支持 802.11ac 的 AP 等。

(3) 无线 AC 是指无线接入控制器，负责把来自不同 AP 的数据进行汇聚并接入 Internet，同时完成 AP 设备的配置管理、无线用户的认证、管理及宽带访问、网络安全等控制功能。

华为的 AC 产品有盒式控制器、框式交换机的 ACU2 插卡式控制器、X1E 插卡控制器等。

(4) PoE 全称为 Power Over Ethernet，是指通过 10BASE-T、100BASE-TX、1000BASE-T 以太网网络供电，其可靠供电的距离最长为 100 m。通过 PoE 这种方式，可以有效地解决 IP 电话、无线 AP、刷卡机、摄像头等终端的集中式电源供电问题。对于这些终端而言不再需要考虑其室内电源系统布线的问题，在接入网络的同时就可以实现对这些终端设备的供电。

PoE 的目的是节省电源布线成本，结合 UPS(不间断电源)技术来提高可用性，方便统一管理。

(5) 华为的 WLAN 终端产品有华为生产的上网卡、平板电脑、智能手机等。

3. WLAN 组网方案

1) 中小型企业组网方案

中小型企业组网方案一般采用二层网络架构，即核心层(分布层)、接入层，采用 PoE 交换机为 AP 供电，分布层部署卡式或盒式 AC，如图 15.7 所示。

2) 大中型企业组网方案

大中型企业组网方案一般采用三层网络架构，即核心层、汇聚层(分布层)、接入层，采用 PoE 交换机为 AP 供电，核心层部署卡式或盒式 AC，如图 15.8 所示。

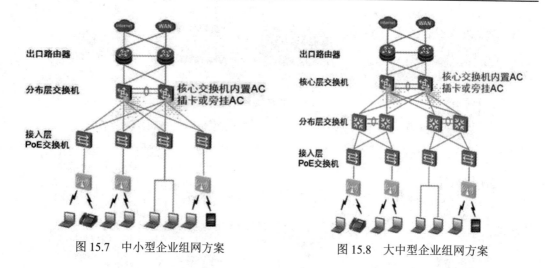

图 15.7　中小型企业组网方案　　　　　　图 15.8　大中型企业组网方案

15.2.2　大型 WLAN 网的设计

1. 大型 WLAN 网络介绍

大型园区一般采用三层网络架构，AC 既可以部署在核心层，也可以部署在汇聚层。如果需要集中管理无线设备和流量，通常 AC 就部署在核心层。如果希望各个区域独立管理，则推荐部署在汇聚层，如图 15.9 所示。

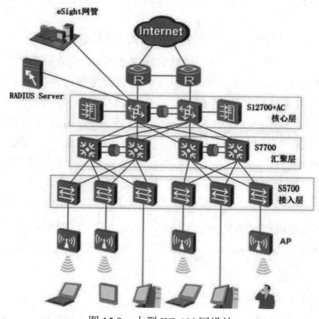

图 15.9　大型 WLAN 网设计

2. 大型 WLAN 网络部署案例

如图 15.10 所示，Router 作为 DHCP 服务器，AP 的管理 VLAN 为 VLAN100，实现自动注册，VLAN101、102 分配给外来人员，VLAN103、104 分配给内部员工，要求实现无线终端之间的互通。

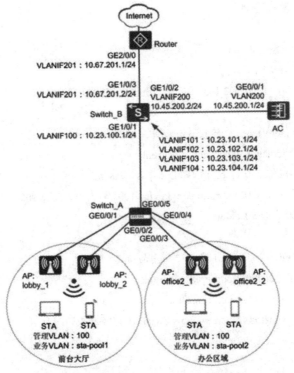

图 15.10　大型 WLAN 网络部署案例

使用 eNSP 搭建实验环境，如图 15.11 所示。

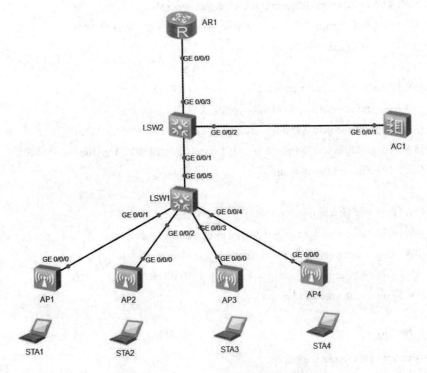

图 15.11　大型 WLAN 网络实验环境

案例的步骤及配置命令如下：

(1) 配置 SW1：

    <Huawei>undo terminal monitor

    [Huawei]sysname SW1

    [SW1]vlan batch 100 101 102 103 104　　//批量创建 VLAN

    [SW1]interface gi0/0/1　　　//连接 AP1 所用的接口

    [SW1-GigabitEthernet0/0/1]port link-type trunk

    [SW1-GigabitEthernet0/0/1]port trunk allow-pass vlan all

    [SW1-GigabitEthernet0/0/1]port trunk pvid vlan 100 //修改 PVID 为 100

    [SW1-GigabitEthernet0/0/1]quit

    [SW1]interface gi0/0/2　　　//连接 AP2 所用的接口

    [SW1-GigabitEthernet0/0/2]port link-type trunk

    [SW1-GigabitEthernet0/0/2]port trunk allow-pass vlan all

    [SW1-GigabitEthernet0/0/2]port trunk pvid vlan 100 //修改 PVID 为 100

    [SW1-GigabitEthernet0/0/2]quit

    [SW1]interface GigabitEthernet 0/0/3　　　//连接 AP3 所用的接口

    [SW1-GigabitEthernet0/0/3]port link-type trunk

    [SW1-GigabitEthernet0/0/3]port trunk allow-pass vlan all

    [SW1-GigabitEthernet0/0/3]port trunk pvid vlan 100 //修改 PVID 为 100

    [SW1-GigabitEthernet0/0/3]quit

    [SW1]interface GigabitEthernet 0/0/4　　　//连接 AP4 所用的接口

    [SW1-GigabitEthernet0/0/4]port link-type trunk

    [SW1-GigabitEthernet0/0/4]port trunk allow-pass vlan all

    [SW1-GigabitEthernet0/0/4]port trunk pvid vlan 100 //修改 PVID 为 100

    [SW1-GigabitEthernet0/0/4]quit

    [SW1]interface GigabitEthernet 0/0/5　　　//连接 SW2 所用的接口

    [SW1-GigabitEthernet0/0/5]port link-type trunk

    [SW1-GigabitEthernet0/0/5]port trunk allow-pass vlan all

    [SW1-GigabitEthernet0/0/5]port trunk pvid vlan　　100 //修改 PVID 为 100

    [SW1-GigabitEthernet0/0/5]quit

(2) 配置 SW2：

    <Huawei>undo terminal monitor

    <Huawei>system-view

[Huawei]sysname SW2

[SW2]vlan batch　　100 101 102 103 104 200 201 //批量创建 VLAN

[SW2]interface GigabitEthernet 0/0/1

[SW2-GigabitEthernet0/0/1]port link-type trunk

[SW2-GigabitEthernet0/0/1]port trunk allow-pass vlan all

[SW2-GigabitEthernet0/0/1]port trunk pvid vlan 100

[SW2-GigabitEthernet0/0/1]quit

[SW2]interface GigabitEthernet 0/0/2

[SW2-GigabitEthernet0/0/2]port link-type access

[SW2-GigabitEthernet0/0/2]port default vlan　　200

[SW2-GigabitEthernet0/0/2]quit

[SW2]interface GigabitEthernet 0/0/3

[SW2-GigabitEthernet0/0/3]port link-type access

[SW2-GigabitEthernet0/0/3]port default vlan　　201

[SW2-GigabitEthernet0/0/3]quit

[SW2]interface Vlanif　　100　//配置 VLAN100 的网关接口

[SW2-Vlanif100]ip address 10.23.100.1 24

[SW2-Vlanif100]quit

[SW2]interface Vlanif 101　//配置 VLAN101 的网关接口

[SW2-Vlanif101]ip address 10.23.101.1 24

[SW2-Vlanif101]quit

[SW2]interface Vlanif　　102　//配置 VLAN102 的网关接口

[SW2-Vlanif102]ip address 10.23.102.1 24

[SW2-Vlanif102]quit

[SW2]interface Vlanif　　103　//配置 VLAN103 的网关接口

[SW2-Vlanif103]ip address 10.23.103.1 24

[SW2-Vlanif103]quit

[SW2]interface Vlanif　　104　//配置 VLAN104 的网关接口

[SW2-Vlanif104]ip address 10.23.104.1 24

[SW2-Vlanif104]quit

[SW2]interface Vlanif 200　//配置连接 AC 所用的 IP 接口

```
[SW2-Vlanif200]ip address 10.45.200.2 24
[SW2-Vlanif200]quit

[SW2]interface Vlanif 201   //配置连接 R1 所用的 IP 接口
[SW2-Vlanif201]ip address 10.67.201.2 24
[SW2-Vlanif201]quit

[SW2]dhcp enable   //开启 DHCP 功能

[SW2]interface vlanif 100           //配置 DHCP 中继
[SW2-Vlanif100]dhcp select relay
[SW2-Vlanif100]dhcp relay server-ip   10.67.201.1
[SW2-Vlanif100]quit

[SW2]interface Vlanif 101           //配置 DHCP 中继
[SW2-Vlanif101]dhcp select relay
[SW2-Vlanif101]dhcp relay   server-ip   10.67.201.1
[SW2-Vlanif101]quit

[SW2]interface Vlanif   102           //配置 DHCP 中继
[SW2-Vlanif102]dhcp select relay
[SW2-Vlanif102]dhcp relay   server-ip   10.67.201.1
[SW2-Vlanif102]quit

[SW2]interface Vlanif   103           //配置 DHCP 中继
[SW2-Vlanif103]dhcp select relay
[SW2-Vlanif103]dhcp relay   server-ip   10.67.201.1
[SW2-Vlanif103]quit

[SW2]interface Vlanif   104           //配置 DHCP 中继
[SW2-Vlanif104]dhcp select relay
[SW2-Vlanif104]dhcp relay   server-ip   10.67.201.1
[SW2-Vlanif104]quit
```

(3) 配置 R1：
```
<Huawei>undo terminal monitor
<Huawei>system-view
[Huawei]sysname R1
```

[R1]interface GigabitEthernet 0/0/0　　　　　　　　　　//连接 SW2 所用的接口

[R1-GigabitEthernet0/0/0]ip address 10.67.201.1 24

[R1-GigabitEthernet0/0/0]quit

[R1]dhcp enable //开启 DHCP 功能

[R1]ip pool VLAN100　　　　//创建 VLAN 100 的 DHCP 地址池

[R1-ip-pool-VLAN100]network 10.23.100.0 mask 24

[R1-ip-pool-VLAN100]gateway-list 10.23.100.1

[R1-ip-pool-VLAN100]option 43 sub-option 3 ascii 10.45.200.1

[R1-ip-pool-VLAN100]quit

[R1]ip pool VLAN101　　　　//创建 VLAN 101 的 DHCP 地址池

[R1-ip-pool-VLAN101]network 10.23.101.0 mask 24

[R1-ip-pool-VLAN101]gateway-list 10.23.101.1

[R1-ip-pool-VLAN101]quit

[R1]ip pool VLAN102　　　　//创建 VLAN 102 的 DHCP 地址池

[R1-ip-pool-VLAN102]network 10.23.102.0 mask 24

[R1-ip-pool-VLAN102]gateway-list 10.23.102.1

[R1-ip-pool-VLAN102]quit

[R1]ip pool VLAN103　　　　//创建 VLAN 103 的 DHCP 地址池

[R1-ip-pool-VLAN103]network 10.23.103.0 mask 24

[R1-ip-pool-VLAN103]gateway-list 10.23.103.1

[R1-ip-pool-VLAN103]quit

[R1]ip pool VLAN104　　　　//创建 VLAN 104 的 DHCP 地址池

[R1-ip-pool-VLAN104]network 10.23.104.0 mask 24

[R1-ip-pool-VLAN104]gateway-list 10.23.104.1

[R1-ip-pool-VLAN104]quit

[R1]interface GigabitEthernet 0/0/0

[R1-GigabitEthernet0/0/0]dhcp　 select global　　//配置接口的 DHCP 模式

[R1-GigabitEthernet0/0/0]quit

[R1]ip route-static 10.23.0.0 16 10.67.201.2 //配置去往其他网段的路由条目

(4) 配置 AC：

　　　<AC6605>undo terminal monitor

<AC6605>system-view

[AC6605]sysname AC

[AC]vlan　200　　　//在 AC 上创建 VLAN 200

[AC-vlan200]quit

[AC]interface Vlanif　200　　　//创建用于连接 SW2 的 IP 接口

[AC-Vlanif200]ip address 10.45.200.1 24

[AC-Vlanif200]quit

[AC]interface GigabitEthernet 0/0/1

[AC-GigabitEthernet0/0/1]port link-type access

[AC-GigabitEthernet0/0/1]port default vlan　200

[AC-GigabitEthernet0/0/1]quit

[AC]ip route-static 10.0.0.0 8 10.45.200.2　//去往其他网段的路由条目

[AC]vlan pool sta-pool1　　　　　　//创建 VLAN Pool，让 AP 的客户端加入特定的 VLAN

[AC-vlan-pool-sta-pool1]vlan 101 102

[AC-vlan-pool-sta-pool1]quit

[AC]vlan pool sta-pool2　　　　　　//创建 VLAN Pool，让 AP 的客户端加入特定的 VLAN

[AC-vlan-pool-sta-pool2]vlan 103 104

[AC-vlan-pool-sta-pool2]quit

[AC]wlan　　　　　　　　　　//进入 WLAN 的配置模式

[AC-wlan-view]ap-group name guest1　//创建 ap-grop，用于来宾

[AC-wlan-ap-group-guest1]quit

[AC-wlan-view]ap-group name yuangong　//创建 ap-grop，用于内部员工

[AC-wlan-ap-group-yuangong]quit

[AC-wlan-view]regulatory-domain-profile name domain1 //配置域模板，指定国家代码

[AC-wlan-regulate-domain-domain1]country-code CN

[AC-wlan-regulate-domain-domain1]quit

[AC-wlan-view]ap-group name guest　//进入 ap-group，关联指定的域模板

[AC-wlan-ap-group-guest]regulatory-domain-profile domain1

Warning: Modifying the country code will clear channel, power and antenna gain c

onfigurations of the radio and reset the AP. Continue?[Y/N]:y

[AC-wlan-ap-group-guest]quit

[AC-wlan-view]ap-group name yuangong   //进入 ap-group，关联指定的域模板
[AC-wlan-ap-group-yuangong]regulatory-domain-profile domain1
Warning: Modifying the country code will clear channel, power and antenna gain c
onfigurations of the radio and reset the AP. Continue?[Y/N]:y
[AC-wlan-ap-group-yuangong]quit
[AC-wlan-view]quit

[AC]capwap source interface Vlanif 200   //指定 CAPWAP 信令协议的源 IP 地址

[AC]wlan
[AC-wlan-view] apauth-mode mac-auth //AP 上线的认证方式，基于 MAC 地址进行自注册

[AC-wlan-view] ap-id 0 ap-mac 00e0-fc62-5290 //指定第一个 AP 的 MAC 地址
[AC-wlan-ap-0] ap-name qiantai1 //为 AP 取一个名字，便于 AC 内部管理
[AC-wlan-ap-0] ap-group guest   //将 AP 加入到特定的 ap-group
Warning: This operation may cause AP reset. If the country code changes, it will clear channel, power
and antenna gain configuration
s of the radio, Whether to continue? [Y/N]:y

[AC-wlan-view] ap-id 1 ap-mac 00e0-fc4e-1de0
[AC-wlan-ap-1] ap-name qiantai2
[AC-wlan-ap-1] ap-group guest
Warning: This operation may cause AP reset. If the country code changes, it will clear channel, power
and antenna gain configuration
s of the radio, Whether to continue? [Y/N]:y

[AC-wlan-view] ap-id 2 ap-mac 00e0-fc03-5640
[AC-wlan-ap-2] ap-name bangong1
[AC-wlan-ap-2] ap-group yuangong
Warning: This operation may cause AP reset. If the country code changes, it will clear channel, power
and antenna gain configuration
s of the radio, Whether to continue? [Y/N]:y

[AC-wlan-view] ap-id 3 ap-mac 00e0-fc43-3df0
[AC-wlan-ap-3] ap-name bangong2
[AC-wlan-ap-3] ap-group yuangong

Warning: This operation may cause AP reset. If the country code changes, it will clear channel, power and antenna gain configuration

s of the radio, Whether to continue? [Y/N]:y

[AC-wlan-view] security-profile name guest　//配置加密文件，为 AP 配置密码

[AC-wlan-sec-prof-guest] security wpa2 psk pass-phrase a1234567 aes

[AC-wlan-sec-prof-guest] quit

[AC-wlan-view] security-profile name bangong　//配置加密文件，为 AP 配置密码

[AC-wlan-sec-prof-bangong] security wpa2 psk pass-phrase b1234567 aes

[AC-wlan-sec-prof-bangong] quit

[AC-wlan-view] ssid-profile name guest //配置 SSID 配置文件，为 AP 的 WiFi 信号取名字

[AC-wlan-ssid-prof-guest] ssid guest

[AC-wlan-ssid-prof-guest] quit

[AC-wlan-view] ssid-profile name bangong //配置 SSID 配置文件，为 AP 的 WiFi 信号取名字

[AC-wlan-ssid-prof-bangong] ssid bangong

[AC-wlan-ssid-prof-bangong] quit

[AC-wlan-view] vap-profile name guest //配置 VAP 模板，用于关联各种配置模板，给来宾用

[AC-wlan-vap-prof-guest] service-vlan vlan-pool sta-pool1

[AC-wlan-vap-prof-guest] security-profile guest

[AC-wlan-vap-prof-guest] ssid-profile guest

[AC-wlan-vap-prof-guest] quit

[AC-wlan-view] vap-profile name bangong //配置 VAP 模板，用于关联各种配置模板，给内部员工用

[AC-wlan-vap-prof-bangong] service-vlan vlan-pool sta-pool2

[AC-wlan-vap-prof-bangong] security-profile bangong

[AC-wlan-vap-prof-bangong] ssid-profile bangong

[AC-wlan-vap-prof-bangong] quit

[AC-wlan-view] ap-group name guest //为指定的 ap-group 开启无线信道

[AC-wlan-ap-group-guest] vap-profile guest wlan 1 radio 0

[AC-wlan-ap-group-guest] vap-profile guest wlan 1 radio 1

[AC-wlan-ap-group-guest] quit

[AC-wlan-view] ap-group name yuangong //为指定的 ap-group 开启无线信道

[AC-wlan-ap-group-yuangong] vap-profile bangongwlan 1 radio 0

[AC-wlan-ap-group-yuangong] vap-profile bangongwlan 1 radio 1

[AC-wlan-ap-group-yuangong] quit

　　(5) 无线终端连接"无线网络"，获得 IP 地址，测试连通性 STA2 访问 STA 4，顺利互通。

STA>ping 10.23.104.254

ping 10.23.104.254: 32 data bytes, Press Ctrl_C to break

From 10.23.104.254: bytes=32 seq=1 ttl=127 time=250 ms

From 10.23.104.254: bytes=32 seq=2 ttl=127 time=297 ms

From 10.23.104.254: bytes=32 seq=3 ttl=127 time=265 ms

From 10.23.104.254: bytes=32 seq=4 ttl=127 time=296 ms

From 10.23.104.254: bytes=32 seq=5 ttl=127 time=266 ms

--- 10.23.104.254 ping statistics ---

　5 packet(s) transmitted

　5 packet(s) received

　0.00% packet loss

round-trip min/avg/max = 250/274/297 ms

本 章 小 结

　　IPv6 的 128 位地址被分成 8 段，每 16 位为一段，每段转换为十六进制数，并用冒号隔开。

　　IPv6 地址由两部分组成：地址前缀与接口标识。其中，地址前缀相当于 IPv4 地址中的网络部分，接口标识相当于 IPv4 地址中的主机部分。

　　IPv6 主要有三种类型的地址：单播地址、组播地址和任播地址。IPv6 中没有广播地址，广播地址的功能是通过组播地址来实现。

　　IPv6 单播地址的类型有多种，包括全球单播地址、链路本地地址和站点本地地址等。

　　OSPFv3 是 OSPF 协议(Open Shortest Path First，开放最短路径优先)版本 3 的简称，主要对 IPv6 提供支持。

　　DHCPv6(Dynamic Host Configuration Protocol for，IPv6 是针对 IPv6 设计的，支持 IPv6 的动态主机配置协议)为主机分配 IPv6 前缀、IPv6 地址和其他网络配置参数的协议。

　　DHCPv6 服务器为客户端分配地址、前缀的过程分为两类，一类是交换两个消息的快速分配过程，另一类是交换四个消息的分配过程。

　　IEEE 802.11 标准是第一个无线局域网标准，2009 年 IEEE 推出的 802.11n 标准，最高接入速度是 600 Mb/s。802.11n 之后的版本 IEEE 802.11ac，工作在 5G 频段，理论上可以提供高达 1 Gb/s 的数据传输能力。

　　无线 AP 是 Access Point 的简称，它是用于无线网络的无线交换机，也是无线网络的核心。无线 AP 是移动计算机用户进入有线网络的接入点，主要用于宽带家庭、楼宇以及园区内部。

无线 AC 是指无线接入控制器，负责把来自不同 AP 的数据进行汇聚并接入 Internet，同时完成 AP 设备的配置管理、无线用户的认证、管理及宽带访问、网络安全等控制功能。

PoE 全称为 Power Over Ethernet，是指通过 10BASE-T、100BASE-TX、1000BASE-T 以太网网络供电，通过这种方式，可以有效地解决 IP 电话、无线 AP、刷卡机、摄像头等终端的集中式电源供电问题。

中小型企业组网方案一般采用二层网络架构，分布层部署卡式或盒式 AC。大中型企业组网方案一般采用三层网络架构，核心层部署卡式或盒式 AC，二者都使用 PoE 交换机为 AP 供电。

习　题

1. 关于 IPv6 地址的表示，以下描述正确的是 (　　)。

A. IPv6 地址通过 146 bit 表示，地址空间庞大

B. IPv6 地址的表示是不需要子网掩码的

C. IPv6 地址通过 128 bit 表示

D. IPv6 地址分为单播、组播、广播

2. 以下 IPv6 地址中，(　　)是不合法的。

A. 2001:1010:98:0::1/76　　　　　　B. 2001::1/128

C. FF02::9　　　　　　　　　　　　D. 2001:4823::198a::70/120

3. 关于 IPv6 地址，以下描述错误的是 (　　)。

A. 路由器接口默认不支持 IPv6 地址，必须首先启用 IPv6 功能

B. RIPv2 不支持 IPv6，但是 OSPFv3 是支持的

C. 路由器配置好 IPv6 静态路由后，就可以进行不同 IPv6 网段之间的互通

D. 通过命令 display ipv6 routing-table 可以查看 IPv6 路由表

4. 2009 年 IEEE 推出的 802.11n 标准，最高接入速率是 (　　)。

A. 300 Mb/s　　　　　　　　　　　B. 540 Mb/s

C. 600 Mb/s　　　　　　　　　　　D . 1 Gb/s

扫码看答案